电子科技大学国家级实验教学示范中心系列教材

电子技术应用实验教程

电子技术应用实验室　编

编　　委　（以拼音排序）

陈　瑜　陈　英　陈骏莲

付　炜　李　雷　李春梅

毛瑞明　孙　红　孙可伟

肖　西　杨良成

电子科技大学出版社

图书在版编目（CIP）数据

电子技术应用实验教程 / 电子技术应用实验室编. 成都：电子科技大学
出版社，2006.9（2022.8重印）
ISBN 978-7-81114-265-5

Ⅰ. 电… Ⅱ. 电… Ⅲ. 电子技术—实验—高等学校—教材 Ⅳ.TN-33

中国版本图书馆 CIP 数据核字（2006）第 108950 号

内 容 简 介

本教程是电子科技大学国家级实验教学示范中心的系列教程之一。

全书分为 4 章，16 个实验项目，以适应不同专业，不同层次学生的实验教学要求。本书突出实验教程的特点，以实验为主线其内容安排如下：第一章常用电子测量仪器、第二章实验基础知识、第三章数字电路实验、第四章模拟电路实验。

本教程以数字电路、模拟电路为理论知识背景，以典型的数字、模拟常用电路为实验对象，在实验中既重视学生"应知应会"的基础实验，又强调综合性、设计性、开放性实验教学，更加强学生工程训练和设计能力培养。教材针对已掌握了电子技术的基本理论知识，但对理论的应用方面需进一步加强学习和实践的学生，使其通过本课程的学习，逐步提高设计能力和独立思考能力。本书可作为高等院校本科生的实验教材，也可作为电子技术应用爱好者的参考用书。

电子科技大学国家级实验教学示范中心系列教材

电子技术应用实验教程

电子技术应用实验室 编

出　　版：电子科技大学出版社（成都市一环路东一段 159 号电子信息产业大厦　邮编：610051）
责任编辑：周友谊
主　　页：www.uestcp.com.cn
电子邮箱：uestcp@uestcp.com.cn
发　　行：新华书店经销
印　　刷：郫县犀浦印刷厂
成品尺寸：185mm×260mm　　　　印张　11.125　　　　字数　267 千字
版　　次：2006 年 9 月第一版
印　　次：2022 年 2 月第 14 次印刷
书　　号：ISBN 978-7-81114-265-5
定　　价：46.00 元

■ 版权所有　侵权必究 ■

◆　本社发行部电话：028-83202463；本社邮购电话：028-83201495。
◆　本书如有缺页、破损、装订错误，请寄回印刷厂调换。

前　　言

　　21 世纪的人才培养对理工科高等院校提出了更高更新的要求。树立以学生为本、以知识传授、能力培养、素质提高协调发展的教育理念越来越受到重视，构建以学生能力培养为核心，旨在加强学生实践能力和创新能力的工程实践，促进学生的知识、能力、素质综合协调发展的实验教学体系更是显得尤为重要。

　　电子科技大学电子工程学院电子实验中心作为国家级实验教学示范中心，其实验教学定位为电子信息类专业学生工程训练培养及创新能力培养的重要基地。电子实验中心针对理工科高等院校电子实验教学的特点，构建了"基础型、应用型、综合型、设计型、创新型"的分层次、循序渐进的实验教学体系，保证了实验教学分级分层，从基础到应用和综合，再到设计与创新的全过程。

　　《电子技术应用实验教程》是在重新修订基础型、应用型和综合型实验教学大纲，补充完善实验项目，改建传统实验室的基础上编写而成。本教程作为电子科技大学国家级实验教学示范中心的系列教程之一，在电子技术实验系列中承上启下，以电子技术基础实验为基础，通过对典型电路的应用及设计，将学生引入电子技术综合实验，进一步培养学生的实验技能和动手动脑能力。

　　本教材以数字电路、模拟电路为理论知识背景，以典型的数字、模拟常用电路为实验对象，在实验中既重视学生"应知应会"的基础实验，更强调综合性、设计性、开放性实验教学，加强学生工程训练和设计能力培养。教材针对已掌握了电子技术的基本理论知识，但对理论的应用方面需进一步加强学习和实践的学生，使其通过本课程的学习，逐步提高设计能力和独立思考能力。本书适合作为高等院校本科生的实验教材，也可作为电子技术应用爱好者的参考用书。

　　本书的编写特点如下：

　　1．基础实验部分采用在实验任务前加"问题驱动"的编写方法。正确回答实验前的问题，对于学生理解实验目的和总结实验结论大有帮助，也能够更好地激发学生的实验兴趣。

　　2．本教材在每个实验的基础性实验中增加了"实验中的常见问题及解决办法"，逐步引导学生掌握正确的实验技能和分析问题、解决问题的方法。

　　3．教材对于设计性实验只提出了若干实验任务，在基础实验的带动下，学生可通过独立思考自己来完成设计。

　　4．增加了一定数量的趣味性实验，即利用基本电路的一些组合，实现一些实用性电路，并可通过 LED 等元件实现显示。

　　本书突出实验教程的特点，以实验为主线，共分为 4 章，16 个实验项目，以适应不同专业，不同层次学生的实验教学要求。其内容安排如下：

　　·第一章　常用电子测量仪器，介绍了示波器、信号源、数字逻辑箱等常用仪器的使用方法及使用注意事项。

　　·第二章　实验基础知识，列出了 5 个与本书相关的实验技能知识及理论知识。

·第三章　数字电路实验，内容包括三态门 OC 门、触发器应用、555 常用电路、组合逻辑电路以及数字逻辑电路等实验。

·第四章　模拟电路实验，内容包括集成运放应用、模拟乘法器应用、集成稳压电源、DC-DC 开关电源、集成功放等实验。

电子技术应用实验室负责应用层的实验教学，开设电子技术应用实验等课程。实验室通过团队协作，加强课程建设和实验室建设，教学团队开展经常性的教学研讨和教学观摩，交流教学经验、探讨教学中的问题和不足，共享教学资源。本书是实验室全体教师共同编写的。

本书第一章由毛瑞明整理编写。第二章和实验七由陈瑜编写，并负责了实验三、四、五、六的部分整理及编写工作；实验二、实验十三、实验十四由陈英编写；实验一由李雷编写；实验八由肖西编写；实验九由孙红编写；实验十由李春梅编写；实验十一由陈骏莲编写；实验十二由杨良成编写；实验十五由孙可伟编写；实验十六由付炜编写；陈瑜、孙可伟、陈英负责了教材编写的组织工作。感谢毛瑞明老师为本书的实验设备制作做出的大量工作以及孙可伟老师为本书提供的图片及照片。感谢全体电子技术应用实验室教师一年来在实验开发及教材编写中所做出的努力。感谢关心本书出版的领导和电子科技大学出版社的大力支持。

本书承电子科技大学张玉兴教授、钟洪声教授和习友宝教授主审，他们提供了很多宝贵的意见和建议，对此表示衷心的感谢。

我们编写的教材难免有错误和问题，恳请广大读者指正。

编　者

2006 年 8 月

目　录

第一章　常用电子测量仪器 1

　1.1　示波器 1

　　一、54621A 数字示波器 1

　　二、VP-5565D 模拟示波器 4

　1.2　函数信号发生器 8

　　一、FG1617 函数信号发生器 8

　　二、EEl641B 型函数信号发生器/计数器 11

　　三、33120A 任意波形发生器 15

　　四、F40 型数字合成函数信号发生器/计数器 17

　1.3　数字逻辑箱 23

　　一、DLE-4 型数字逻辑实验仪 23

　　二、DF6909 型数字逻辑实验仪 25

　1.4　实验室其他常用仪器面板图 27

第二章　实验基础知识 29

　2.1　集成电路外引线的识别 29

　2.2　电路接地的概念 29

　2.3　关于仪器的阻抗及阻抗匹配 30

　2.4　常用元器件的检测方法 32

　2.5　数字电路中逻辑信号的高低电平范围 35

第三章　数字电路实验 37

　3.1　实验一　常用数字逻辑门电路的研究及仪器使用 37

　　一、实验目的 37

　　二、实验仪器与器材 37

　　三、预习要求 37

　　四、实验原理 37

　　五、实验任务及要求 38

　　六、实验中的常见故障及解决办法 40

　　七、实验报告中的数据要求 40

　　八、思考题 41

　3.2　实验二　集成触发器的研究 42

　　一、实验目的 42

二、实验仪器与器材 42

三、预习要求 42

四、实验原理 42

五、实验任务及要求 45

六、实验中的常见故障及解决办法 46

七、实验报告中的数据要求 46

八、思考题 46

3.3 实验三　移位寄存器及其应用 47

一、实验目的 47

二、实验仪器与器材 47

三、预习要求 47

四、实验原理 47

五、实验任务及要求 49

六、实验中的常见故障及解决办法 50

七、实验报告中的数据要求: 51

八、思考题 51

3.4 实验四　同步计数器及其应用 52

一、实验目的 52

二、实验仪器与器材 52

三、预习要求 52

四、实验原理 52

五、实验任务及要求 54

六、实验中的常见故障及解决办法 55

七、实验报告中的数据要求 55

八、思考题 55

3.5 实验五　编码器与译码器 56

一、实验目的 56

二、实验仪器与器材 56

三、预习要求 56

四、实验原理 56

五、实验任务及要求 59

六、实验中的常见故障及解决办法 61

七、实验报告中的数据要求 61

八、思考题 61

3.6 实验六　数据选择器与数据分配器 62

一、实验目的 62

二、实验仪器与器材 62

三、预习要求 62

四、实验原理 62

　　五、实验任务及要求 64

　　六、实验中的常见故障及解决办法 65

　　七、实验报告中的数据要求 65

　　八、思考题 65

3.7 实验七　触发器实现波形整形及脉冲延时的研究 66

　　一、实验目的 66

　　二、实验仪器与器材 66

　　三、预习要求 66

　　四、实验原理 66

　　五、实验任务及要求 73

　　六、实验中常见的故障及解决办法 74

　　七、实验报告中的数据要求 74

　　八、思考题 74

3.8 实验八　555 集成定时器的应用 77

　　一、实验目的 77

　　二、实验仪器与器材 77

　　三、预习要求 77

　　四、实验原理 77

　　五、实验任务及要求 83

　　六、实验中的常见故障及解决办法 85

　　七、实验报告中的数据要求 86

　　八、思考题 86

3.9 实验九　数据选择和译码显示 88

　　一、实验目的 88

　　二、实验仪器与器件 88

　　三、预习要求 88

　　四、实验原理 88

　　五、实验任务及要求 96

　　六、实验中的常见故障及解决办法 98

　　七、实验报告要求 98

　　八、思考题 98

3.10 实验十　电子秒表 100

　　一、实验目的 100

　　二、实验仪器与器材 100

　　三、预习要求 100

　　四、实验原理 100

　　五、实验任务及要求 107

　　六、思考题 109

　　七、实验报告 109

第四章　模拟电路实验 110

　　4.1 实验十一　集成运算放大器的特性研究 110
　　　　一、实验目的 110
　　　　二、实验仪器与器材 110
　　　　三、预习要求 110
　　　　四、实验原理 110
　　　　五、实验内容 114
　　　　六、实验中的常见故障及解决办法 119
　　　　七、实验报告要求 119
　　　　八、思考题 119

　　4.2 实验十二　集成运放波形产生电路 120
　　　　一、实验目的 120
　　　　二、实验仪器与器材 120
　　　　三、预习要求 120
　　　　四、实验原理 120
　　　　五、实验任务及要求 124
　　　　六、实验中的常见故障及解决办法 128
　　　　七、实验报告要求 128
　　　　八、思考题 128

　　4.3 实验十三　调幅与检波的研究 130
　　　　一、实验目的 130
　　　　二、实验仪器与器材 130
　　　　三、预习要求 130
　　　　四、实验原理 130
　　　　五、实验任务及要求 140
　　　　六、实验中的常见故障及解决办法 141
　　　　七、实验报告要求 141
　　　　八、思考题 141

　　4.4 实验十四　混频与倍频的研究 142
　　　　一、实验目的 142
　　　　二、实验仪器与器材 142
　　　　三、预习要求 142
　　　　四、实验原理 142
　　　　五、实验任务及要求 145
　　　　六、实验中的常见故障及解决办法 146
　　　　七、实验报告要求 146
　　　　八、思考题 146

　　4.5 实验十五　直流稳压电源、DC/DC 开关电源 147

　　　一、实验目的...147
　　　二、实验仪器与器材.....................................147
　　　三、预习要求...147
　　　四、实验原理...147
　　　五、实验内容及步骤.....................................154
　　　六、实验中注意事项及常见故障...........................155
　　　七、实验报告要求.......................................156
　　　八、思考题...156
4.6 实验十六　音频功率放大器.................................157
　　　一、实验目的...157
　　　二、实验仪器与器材.....................................157
　　　三、预习要求...157
　　　四、实验原理...157
　　　五、实验任务及要求.....................................160
　　　六、实验中的常见故障及解决办法.........................163
　　　七、实验报告要求.......................................163
　　　八、思考题...163

附录 1 165

附录 2 166

参考文献 168

第一章　常用电子测量仪器

1.1　示波器

一、54621A 数字示波器

数字存储示波器（DSO）用 A/D 转换将被测模拟信号变成数字信号，然后存入 RAM 中，需要时再将 RAM 中存储的内容调出，通过相应的 D/A 转换器，再恢复为模拟信号显示在屏幕上。它不仅可用于记录波形，而且可以对获得的信息进行数据处理。在有突发、异常情况发生时，用它记录异常情况发生时的波形数据很方便，而且 DSO 以数字化的形式处理并记录波形，为其他设备提供了研究波形的方便。

54621A 是一种带宽为 60MHz，采样率为 200MSa/S 的 DSO。

与模拟示波器相比 54621A 数字示波器有以下特点：

◆ 该数字示波器可以连续更新慢速变化波形的扫迹，有利于低频信号的测试，而用模拟示波器测低频信号只能显示慢速移动的光点。

◆ 该数字示波器的垂直位置有分度，能在屏幕上显示地电位的位置。

◆ 具有自动适配及快速测试功能，能很方便地对波形进行快速测试。

◆ 可对波形进行存储、处理和调用，而模拟示波器输入信号消失时，显示的波形也消失。

54621A 示波器前面板结构如图 1.1 所示。按功能可分为屏幕显示区、水平控制区、功能区、触发区和垂直控制区五个部分。另有 6 个菜单按钮，3 个输入连接端口和 1 个信号校对端口。下面将分别简要介绍各部分的控制按钮及屏幕上的部分信息。

1. 屏幕显示区

在屏幕显示区，显示窗口除了显示波形图像外，在波形上方还显示出许多有关波形和仪器控制设定值的细节，下面从左至右依次介绍：

（1）表示 Y 通道的垂直标尺（V/格）；

（2）触发位置指示；

（3）表示 X 通道的主时基值；

（4）表示触发状态；

（5）表示边缘触发斜率：　↑ 上升沿　　↓ 下降沿

（6）表示选用的触发信号源；

（7）读数表示触发点的电平值；

在显示窗口下方为菜单选择按钮。

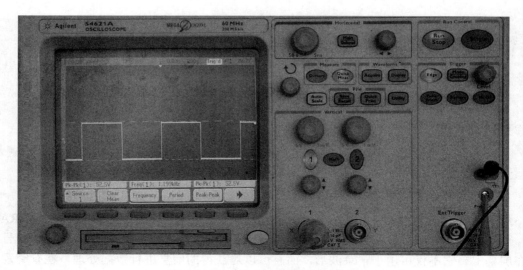

图 1.1　54621A 示波器前面板结构图

2．水平控制区（Horizontal）

水平控制区在仪器右上部，共有 3 个按钮：

（1）时基（扫描）时间选择旋钮，选择范围 5ns～50s。

（2）扫描选择键 main/Delay

在按下该键后，显示屏幕下方"√"表示选中该项，有以下菜单功能：

【main】 主扫描。

【Delay】 延迟扫描，此时屏幕上方为主扫描波形，下方为延迟扫描波形，调节扫速旋钮可改变延迟扫描的宽度，调节水平位移旋钮可改变延迟扫描的位置。

【Roll】 滚动显示，波形从右向左移，此时时基应低于 500ms/div。若当前设置高于 500ms/div，示波器将自动设置于 500ms/div，适合低频信号测试。

xy 模式，测试李萨育图形。

【Vernier】 微调，当选择该键时，扫速可进行微调，若不选该键，扫描为 1-2-5 进制。

【Time Ref】 可改变时间轴参考点。

（3）水平位移旋钮，用以调整屏幕上信号波形的左右水平移动位置。

3．运行模式控制（Run Control）

此键【Run Control】位于面板右上侧，包括【Run/Stop】和【Single】两按键。当【Run/Stop】键为绿色时，为启动获取功能，波形显示为活动状态；当【Run/Stop】为红色，则示波器处在亭止获取状态，波形显示被冻结，此时，可能包括几个有用信息的触发，但只有最后的触发采集可以平移和缩放。用【Single】键可确保只采集一个触发。

4．功能区

功能区按钮在水平控制区下面。

（1）" 〰 " 调节旋钮，在不同的菜单下可调节标有 " 〰 " 的参变量。

（2）Measure 测试方式选择，包括【Cursors】和【Quick meas】两按键。

【Quick meas】 可以对输入源进行自动测试。在该栏菜单有许多常用参数以供测试选择。

【Cursors】 游标测试，按下此键后在屏幕上会同时出现水平和垂直方向的两组**游标虚线**，在该按键菜单下可以选择测试源和测试参数（水平？垂直？），利用手动调节"⤶"旋钮，改变游标以达到测试的目的，增量 ΔX（ΔY）即为两光标间距离。

（3）【Waveform】 栏目，包括【Acquire】和【Display】两按键。

【Acquire】 检测模式，包括：【Normal】（方式），【Peek Det】（峰值检测），【Averaging】（可平均多个触发以减少噪声），【Real time】（实时测试）。

【Display】 显示控制，包括：【∞ persist】（无限余辉），【clear Display】（擦除先前采集），⤶【Guide】（改变栅格亮度），【Vectors】（是否在各采集点间加上向量，防止出现频率混叠）。

（4）【Auto-scale】 自动测试，当输入信号 $f > 50\,Hz$，占空比大于 0.5%，幅度大于 10mV 时，利用【Auto-scale】键可以根据信号对示波器各测试参数进行自动识配，使信号自动同步并在显示屏上显示一个完整周期。若要取消自动测试，可按软键【undo-Auto-scale】。

（5）File 文件菜单，包括【save/recall】和【Quick print】两按键。

在此栏可对所采集波形进行存储、打印功能。

（6）【Utitly】 通过它可以设置示波器的其他应用项目，如加载某种语言，设定屏幕保护方式等等。

5. 触发区（Trigger）

（1）【Edge】 边缘触发，可选择上升沿或下降沿触发，以及触发源对 1、2 通道及 EXIT（外接信号）进行选择。

（2）【mode/coupling】 按下此键可进行以下菜单操作：

【mode】 触发方式，可选择 Normol，Auto，Auto level。

【coupling】 触发源耦合方式，可选择 DC、AC、LF、Reject，TV（在 Trigger-More 中启用）

【Noise Rej】 噪声抑制，若选择该项，对噪声不敏感，但有时需要更大的幅度来触发。

【HF Reject】 高频抑制，此时系统加入一低通滤波器。

【Hold off】 释抑时间，选择该项后，可以通过"⤶"键调节释抑时间，使波形同步。

（3）【level】 触发电平控制旋钮，用以改变触发电平值。

（4）【Pulse Width】 脉冲宽度触发，按下此键可在菜单中选择正脉冲或负脉冲触发，以及触发脉冲的宽度等。

（5）【Pattern】 模型触发，可以通过查找特定的模型而识别触发条件。

（6）【More】 其他更多的触发方式，如 TV，I²C……

（7）【Ext Trigger】 外触发信号输入端。

6．垂直控制区（Vertical）

垂直控制区按钮从上往下依次为：

（1）垂直灵敏度旋钮（垂直刻度的选择钮），选择范围为 1mv/div～5V/div。

（2）通道选择键，灯亮表示选中并显示该通道波形，两个通道灯都亮表示双踪显示。不需要时将灯按灭即可。

注意：在此菜单下有一 ↻ Probe（探头比），一般测试时应使其为 1.0：1，否则应将测试峰峰值除以探头比才是真实值。

（3）【math】键。按下此键会显示一系列菜单，在此菜单下可对被测波形进行数学分析，如 FFT、微分、积分等。

（4）垂直位移旋钮，用以调节屏幕上波形的垂直移位位置。

（5）示波器信号的输入端。

（6）【Probe Comp】 探头校对补偿器，用以对探头进行使用前的校对。

二、VP-5565D 模拟示波器

这里主要介绍 VP-5565D 模拟双踪示波器的前面板及其各部分的使用要领。

VP-5565D 模拟双踪示波器的前面板如图 1.2。

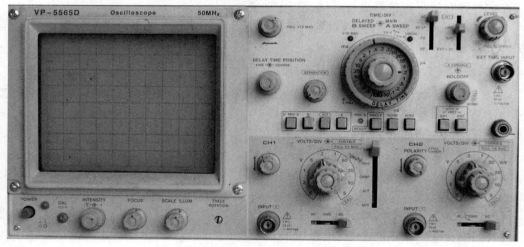

图 1.2　VP-5565D 模拟双踪示波器的前面板图

1．垂直部分的使用要领

（1）垂直方式开关

CH1，CH2：CH1 或 CH2 的单独工作及显示。

双踪工作时，把信号接到两通道的 INPUT 插座上，选择 CHOP 或 ALT 工作方式：

CHOP：一般用于比 0.5ms/div 还慢的扫描时的多踪工作，通道间的转换与扫描无关，以 300kHz 左右的重复频率对两路输入信号进行切换。

ALT：在每次扫描结束时进行 CH1，CH2 的切换，一般用于快扫描的观测。在对比 0.5ms/div 还慢的扫描观测时，用 CHOP 方式观测更有效。

ADD：显示 CH1 和 CH2 信号的代数和或差。

（2）信号的连接

探头比有 1∶1 及 10∶1 的切换。在 1∶1 时，带宽下降（约 5MHz），灵敏度和输入阻抗如图 1.2 所示。在 10∶1 时，输入阻抗为 10MΩ，实际灵敏度应是面板所指灵敏度再乘以 10。若输入用 AC 耦合方式，低频特性约扩大至 0.4Hz（−3dB）。

要得到最好的高频特性，应使用 10∶1 探头电缆把信号接至面板的 INPUT 插座上。

对低频信号的观测，也可以用一般的线连接信号，但因为容易受其他的干扰，所以请使用屏蔽线。

（3）输入耦合开关　AC-GND-DC

DC 方式为全直流耦合输入，AC 方式则阻止信号的直流成分，−3dB 的通频带下限为4Hz。在 GND 位置时切断加在通道输入端子上的信号，垂直放大器的输入端被接地（信号不被接地），这可用于确认扫描线的基准位置。

（4）偏转灵敏度【VOLTS/DIV】

偏转灵敏度由探头的衰减比，【VOLTS/DIV】的挡值及【VARIABLE】旋钮的位置，×5MAG 的状态来决定。

被校准的值只能在【VARIABLE】旋钮置【CAL】位置时得到。

【VARIABLE】旋钮能够使校正了的相邻两挡间的【VOLTS/DIV】的值连续变化，在5V/div 挡时，能得到约 12.5V/div 的非校准值。

2．触发功能的使用要领

（1）触发信号源开关

（a）INT——选择从垂直通道来的输入信号作为扫描的内触发信号。使用内触发信号源开关来选择从哪个通道选取触发信号，内部触发信号源开关的作用如下：

CH1：只取 CH1 信号作为触发信号。

CH2：只取 CH2 信号作为触发信号。

（b）LINE——在这个位置上，交流供电电源电路的信号被接到触发电路。被观测的信号要与电源频率相关。

（c）EXT——在这个位置上，接在 EXT TRIG INPUT 插座上的信号被接到触发电路。

（d）EXT÷10——把接在 EXT TRIG INPUT 的信号衰减到约 1/10。

当外触发信号的幅度过大时使用该挡，以选择合适的触发电平。

（2）触发信号的耦合开关

（a）AC——用电容阻止触发信号中的直流成分，与此同时也衰减 30Hz 以下的信号，几乎所有的场合都使用这个 AC 位置。

在 AC 位置上，对随机产生的信号有时同步不稳定，此时可使用 DC。

（b）AC-LF——当对复杂波形以及对低频信号进行稳定同步时使用。

（c）TV——用于电视信号的同步，使用方法见后面（11）TV 视频信号的观测。

（d）DC——这个位置对于在 AC 上完全被衰减的低频信号，以及对较慢的重复信号同步有效。

（3）PULL SLOPE（—）开关

这个开关，是【LEVEL】旋钮附带的，目的是用触发信号的上升沿启动扫描还是用下降沿启动扫描的选择。这个旋钮按下在+位置上，用信号上升沿触发扫描，拉出旋钮在−位置上，用信号下降沿触发扫描。

（4）【LEVEL】旋钮

此旋钮设定触发信号的基准电平，扫描电路在触发信号达到这一电平时开始扫描。将【LEVEL】旋钮由中央位置向右旋，则显示的起始点向正方向移动；反之，将此旋钮由中央位置向左旋，则显示的起始点向负方向移动。向左旋这个旋钮置 FIX 位置，此时，只要信号的电平超过一定值，显示信号将被自动同步。

（5）【HOLDOFF】按钮

被用于观测不是等间隔脉冲序列中的一部分波形等。

【HOLDOFF】旋钮向左旋，释抑时间变长。

因为释抑时间长辉线将变暗，所以通常这个旋钮右旋到头，置 NORM 位置。

3．水平部分的使用要领

（1）水平方式

（a）【SINGLE】——只进行一次扫描时使用，以便观测单次信号或者随机产生的信号。

在单次扫描时，为了确认一有信号就能显示，应先将 A 扫描方式置【AUTO】或【NORM】上，像普通的触发操作一样，确认能显示信号之后，再按入【SINGLE】键，此时 READY 灯点亮，等待信号的到来。

信号一到来，就只扫描一次，直到再按一次【SINGLE】按钮之前，即使加入信号也不扫描。

按下【SINGLE】键只能扫描一次。

【SINGLE】按键兼有单次扫描功能和单次扫描复位功能。

（b）【NORM】——触发扫描时使用，在有触发信号时，【NORM】和【AUTO】的功能虽然相同，但 NORM 状态时，如果没有触发信号，A 扫描停止，管面上无扫描线。

此功能是想得到稳定的触发和在没有触发信号时想消去辉线时使用。

（c）【AUTO】——自动扫描时使用，它对大部分信号观测都很方便。

没有触发信号时，扫描电路因处于自激扫描状态使管面上出现辉线，所以对确认辉线的位置很方便，有触发信号时正确地调节【LEVEL】旋钮就能得到稳定的波形。

A 扫描被触发之后，TRIG'D 灯点亮。

（2）扫描时间的设定

被校正了的 A 扫描和 B 扫描的扫描速率由双重旋钮来选择。

在 A 扫描上为了使相邻两档的扫描速率连续可变，使用了【A VARIABLE】旋钮。把这个旋钮右旋到头，UNCAL 灯熄灭，此时，A 扫描的扫描速率为校准值。当 UNCAL 灯点亮时，警告 A 扫描为非校正状态。

【TIME/DIV】的双重旋钮的外侧旋钮为 A 扫描，内侧旋钮为 B 扫描，用各自旋钮的指示位置来表示扫描速率。0.1s/div～0.5s/div 的范围只是 A 扫描可以使用。

（3）扫描的扩展【PULL×10MAG】

由扫描扩展能够使扫描速率扩大 10 倍。将要扩展观测的部分置管面中央，拉出

【PULL×10MAG】旋钮，管面中央部 1div 的波形在横方向最大扩大 10 倍。这时×10MAG 灯点亮。

（4）延迟 B 扫描

当扫描方式开关选择【ALT】或【B】时，B 扫描才进行工作。

【ALT】为 AB 交替扫描的操作，是把 A 扫描（在辉线上具有表示 B 扫描的加亮部分）和 B 扫描（延迟扫描）相互切换显示在管面上。加亮部分表示 B 扫描的工作范围，其宽度由 B 扫描的扫描速率来决定，用【DELAYED B SWEEP】旋钮能改变。把从扫描的开始点到加亮的开始点叫做延迟时间,它由 A 扫描速率的【MAIN A SWEEP】旋钮的位置和【DELAY TIME POSITION】的粗调、细调的两个旋钮来确定。B 扫描波形的上下位置由【SEPARATION】旋钮来改变。

若扫描显示开关选为【B】,只显示被展开了的 B 扫描波形。

这样,可以用 B 扫描选择波形的一部分,加以展宽之后观测,以便观测波形的细节。

看管面上的加亮部分进行时间延迟,操作【DELAY TIME POSITION】的两个旋钮【COARSE】和【FINE】以达到任意的位置。延迟时间由管面刻度读取。

（5）B 扫描的两种形式

扫描方式开关左侧的【B TRIG'D】按键能单独操作,在按入状态时,B 扫描和 A 扫描同时被触发,弹出状态时,B 扫描为自激状态。

在自激状态下延迟时间一过 B 扫描立即开始,这个过程叫"延迟时间后 B 扫描开始"。若旋转【DELAY TIME POSITION】旋钮,辉线的加亮部分连续移动,能扩大并观测波形的任意部分。

按入【B TRIG'D】按键,B 扫描为触发状态,当延迟时间过后,第一个触发信号使 B 扫描开始。这个过程叫"延迟时间过后 B 扫描可以触发"。若旋转【DELAY TIME POSITION】旋钮,辉线的加亮部分在来自 A 扫描的观测波形间跳跃移动。此时用 B 扫描观测的波形必定从扫描的起始点（管面的左端）开始显示,这样虽然造成不便,但却能得到很少晃动的显示。

B 扫描的触发电平调整能够与 A 扫描同时用【LEVEL】旋钮进行。

（6）TV 视频信号的观测

触发信号的耦合开关选为 TV。

对于正极性的 TV 视频信号（同步头向下）,把触发的【LEVEL】旋钮拉出来以选择负斜率触发。

当观测负极性的 TV 视频信号（同步头向上）时,按下【LEVEL】旋钮以选择正斜率触发。

这个斜率的选择若不正确就不能得到稳定的波形,所以请十分注意。

进行触发电平调整使之得到稳定的波形显示。

用 TV 视频信号中的场同步信号还是行同步信号作为触发信号,由 A 扫描旋钮的位置来决定。按照面板上所表示的 TV-V 和 TV-H,从 1ms/div 以左的位置（慢扫描）扫描被场同步信号触发,从 50us/div 以右的位置（快扫描）扫描被行同步信号触发。

在使用延迟 B 扫描功能来扩展观测 TV 视频信号时,应使扫描方式开关的【B TRIG'D】按键处在弹出位置,以便使 B 扫描处在（延迟时间过后 B 扫描开始）的状态下观测。

（7）X-Y 工作方式

当【MAIN A SWEEP】旋钮置 X-Y 位置时，本仪器作为 X-Y 示波器进行操作。X 轴信号加在 CH1 的 INPUT 插座上，位置调整用水平位置调整旋钮进行。

Y 轴信号加在 CH2 的 INPUP 插座上，位置调整用 CH2 垂直位置调整旋钮进行。

X 轴和 Y 轴灵敏度由 CH1 和 CH2 的校正的 VOLTS/DIV 值指示出来，能在 DC—1MHz 的范围内使用。

1.2 函数信号发生器

一、FG1617 函数信号发生器

FG1617 函数发生器具有高稳定性、高线性、低失真和直接可显示输出信号频率的特点，它能产生正弦波、三角波、方波、斜波、脉冲波及扫描波。由于用 6 位数字 LED 显示输出频率，读数方便且精确。

FG1617 函数发生器的前面板图如图 1.3 所示。

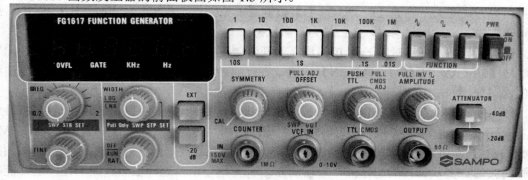

图 1.3 FG1617 函数发生器的前面板图

1. FG1617 函数发生器的开关功能

（1）【POWER】（电源开关）：按下开关则接通 AC 电源，同时计数器有显示。

（2）【FUNCTION】（工作波形选择）：按此三只按键之一，则输出相应的波形；如无一按下，则无信号输出，但这时可设置输出直流。

（3）1～1M/10s～0.01s（频率范围及计数器闸门时间选择）：（a）选择所需之频率范围，当按某一按键时，则计数器显示相应频率数值，即为输出的频率。（b）当外测频率时，按下不可按键则选择不同闸门时间，从而可改变测量的分辨力。

（4）数字 LED（7 段 LED 数码管）：所有内部或外部测频均由此 6 个 LED 指示。

（5）Hz（赫兹）：被显示信号频率的单位，当按下频率范围及计数器闸门时间选择中的 1，10，100 三范围之一时，此 LED 亮。

（5）kHz（千赫兹）：被显示频率的单位，当按下频率范围及计数器闸门时间选择中的 1K，10K，100K，1M 四范围之一时，此 LED 亮。

（7）OVFL（溢出）：当 7 段 LED 数码管中的计数值超过最高位所显示之数时，此 LED

亮。这时所显示之数无效。

（8）GATE（闸门）：闸门工作指示灯，此灯闪烁代表计数器工作正常。

（9）【EXT】（频）：按下此按键，则可测量由【COUNTER】输入的外部信号之频率。

（10）【–20dB】：当外输入被测信号大于 10V 时，按下此按键以确保频率计工作之稳定。

（11）【SYMMETRY】（对称）：旋动此旋钮可以改变输出波形之左右对称性，其输出频率同时改变，当此旋钮旋至 CAL 时，则以对称波形输出。

（12）【COUNTER】（计数）：外测频率之信号由此输入，其最大值为 150Vpp。输入电阻为 1MΩ。【COUNTER】、【EXT】、【–20dB】三者要配合使用。

（13）【OFFSET/PULL ADJ】（直流偏置）：拉此旋钮并旋动时，可设置调定任何波形的直流工作点，顺时针为正工作点，逆时针时为负工作点。此旋钮按下，则直流工作点为零电位。

（14）【VCF IN/SWP OUT】（外部压控输入/扫描输出）：（a）当输入外部信号以控制仪器输出频率时，控制信号由此输入，但最大输入为 15Vmax。（b）当用仪器内部扫描信号控制输出信号的频率时，则该输出端可输出扫描信号。

（15）【PUSH TTL/PULL CMOS】（按下 TTL/拉出 CMOS）：（a）按下该旋钮，由 TTL/CMOS 输出提供 TTL 电路用的脉冲信号，电平固定。（b）该旋钮拉出，由 TTL/CMOS 输出提供 CMOS 电路所需之脉冲信号，输出信号 5～15V 可调。

（16）TTL/CMOS（输出端）：TTL、CMOS 信号输出接口。当【AMPLITUDE/PULL INV】拉出时，输出信号反相。

（17）【AMPLITUDE/PULL INV】（输出幅度/拉出反相）：（a）旋动该旋钮，OUTPUT 输出信号幅度大小变化，且有 20dB 的变化量。（b）拉出此开关，只有输出脉冲与 TTL/CMOS 输出信号反相（即负脉冲）。

（18）OUTPUT（输出端）：正弦波、方波、三角波等信号由此处输出。

（19）ATTENUATOR【–20dB】、【–40dB】（输出衰减）：输出衰减按键，按下其中一只，有–20dB 或–40dB 的衰减量，若二者同时按下，有–60dB 的衰减量。

（20）【FREQ】（频率粗调）：旋转此旋钮，可在设定之频率范围内选择所需之输出频率，并由计数器显示屏直接读出其数据。

（21）【FINE】（频率微调），调整该旋钮输出频率微变。频率范围及计数器闸门时间选择、【FREQ】与【FINE】配合使用且【WIDTH LOG/LNR】推进，可得到 0.02Hz～2MHz 中之任一频率输出。当仪器本身处于扫描输出功能时，扫描起始频率由【FREQ】与【FINE】来决定（SWP STR SET）。

（22）【WIDTH LOG/LNR】（扫描宽度对数/线性切换）：与【SWP RATE OFF/RUN】配合使用。（a）旋动此旋钮可以调整扫描之宽度，（b）按下此旋钮，输出扫描信号为对数（LOG）型，拉出此旋钮，输出的扫描信号为线性（LNR）。（c）当拉出此旋钮时且调整可得到扫描的终止频率，并能在计数显示屏上显示。

（23）【SWP RATE OFF/RUN】（扫描速率 停止/启动）：（a）拉出此旋钮，则处于扫描功能，并从 VCF IN/SWP OUT 可输出扫描信号。按下此旋钮，扫描信号结束，无扫描输出。（b）扫描功能时，调整此旋钮可使扫描周期从 25ms～5s 变化。

2．基本使用

FG1617 型函数发生器能产生多种波形信号，如能了解其基本功能及使用方法，则将发挥更大的效用。

1）准备工作

（1）按下【PWR】，计数器显示屏将有数字显示。将【SYMMETRY】旋至 CAL。

（2）将由 OUTPUT 输出的信号接到示波器的一个输入通道；由 TTL/CMOS 输出的信号接到示波器的另一输入通道。

（3）按下【FUNCTION】中三角波、方波、正弦波中的任一按钮。

（4）改变频段开关频率范围及计数器闸门时间选择中的 1～1M 的七个按键，并调整【FREQ】及【AMPLITUDE】，则计数器显示屏上的指示值发生变化，同时示波器上显示波形的频率及幅度也相应发生变化。

（5）以上检查无误，仪器即可使用

2）三角波、方波、正弦波的产生

（1）按下【PWR】，【SYMMETRY】旋至"CAL"。

（2）按下 FUNCTION 中【正弦波】、【方波】或【三角波】中某一个键。

（3）按下频段开关某一键（例如 10K），旋转【FREQ】和【FINE】，使计数显示屏显示频率约 10 000Hz。

（4）把 OUTPUT 输出的信号接至示波器，则示波器应有正弦波、方波或三角波波形显示。观察其所测频率是否与计数显示屏的数值一致。

（5）旋动【FREQ】从最大到最小，频率应有 10 倍以上的变化。

（6）旋动【AMPLITUDE】，示波器波形可从 2Vp-p 变到 20Vp-p。按下 ATTENUATOR 中任一键，输出则应相应衰减。

（7）拉出【OFFSET】旋钮，顺时针旋转波形上移，逆时针旋转波形下移，波形移动应有 $\pm 10V$ 以上的变化量（示波器输入耦合方式应置于 DC）。

3）脉冲波、斜波的产生

（1）脉冲波：在输出方波的基础上，顺时针旋转【SYMMETRY】计数显示屏上的频率数将降低，示波器上观察到的脉冲波低电平与高电平的时间比例将发生变化，对称比例可由 1：1 变到 20：1 以上，其他控制键的相关影响与上相同。

（2）斜波：在三角波的基础上，调【SYMMETRY】与【FREQ】，斜波的上升时间及下降时间发生变化，其比例可由 1：1 变至 20：1，其他控制键的相关影响与上相同。

4）扫描输出

（1）按下【PWR】，选择正弦波输出，【SYMMETRY】旋到 CAL 位置（输出为对称波），拉出【RATE】，这时计数显示屏上可获得由【FREQ】等决定的扫描（调频）起始频率。从输出端 OUTPUT 得到扫描后的基本波形，即为调频波信号。

（2）拉出【WIDTH】，计数显示屏上得到扫描终了频率值，转动此旋钮可获得扫频终止频率（即调频波的最高频率）。

（3）拉出【RATE】后，调整其旋钮位置，扫描周期发生变动。

（4）调整【WIDTH】、【FREQ】旋钮角度，扫描（扫频）宽度发生变化，且可达 100：1

以上。

（5）由【SWPOUT】可取得扫描信号，开关【WIDTH】按下或拉出，由此可得到"对数型"或"线性"的输出信号。

5）外测频率

（1）按下【EXT】，外来被测信号由插座【COUNTER】输入时，可测外来信号频率，由计数显示屏显示。最大输入幅度可达 150V，最高输入频率为 10MHz，最高分辨率为 0.1Hz（GATETIME 为 10s 时）。

（2）输入信号大于 10Vp-p，应按下−20dB 衰减器。

（3）选择 GATE TIME（10s，1s，0.1s，0.01s）可改变计数器的分辨率，但应不使"OVFL"灯亮为原则。

（4）其他旋钮及开关不影响外测频率的工作。

二、EEl641B 型函数信号发生器/计数器

1．概述

定义及用途：本仪器是一种精密的测试仪器，因其具有连续信号、扫频信号、函数信号、脉冲信号等多种输出信号和外部测频功能，故定名为 EEl641B（EE1641B1）型函数信号发生器/计数器。

2．技术参数

1）函数信号发生器技术参数。

（1）输出频率

EEl641B：0.2Hz～2MHz　按十进制分类共分七挡；

EEl641B1：0.2Hz～2MHz　按十进制分类共分七挡；

EEl642B：0.2Hz～10MHz 按十进制分类共分八挡；

EEl642B1：0.2Hz～15MHz（正弦波）其余同 EEl642B；

EE1643B：0.2Hz～20MHz 按十进制分类共分八挡。

每档均以频率微调电位器实行频率调节。

（2）输出信号阻抗

函数输出：50Ω；

TTL 同步输出：600Ω。

（3）输出信号波形

函数输出（对称或非对称输出）：正弦波、三角波、方波。

TTL 同步输出：脉冲波。

（4）输出信号幅度

函数输出：不衰减：（1Vp-p～10Vp-p）±10%连续可调。

衰减 20dB：（0.1Vp-p～1Vp-p）±10%连续可调。

衰减 40dB：（10mVp-p～100mVp-p）±10%连续可调。

TTL 脉冲输出："0"电平≤0.8V，"1"电平≥1.8V（负载电阻≥600Ω）。

（5）函数输出信号直流电平（offset）调节范围：关或（−5V～+5V）±10%V（50Ω负

载）。

"关"位置时输出信号所携带的直流电平<0V±0.1V，负载电阻≥1MΩ时，调节范围为（−10V～+10V）±10%。

（6）函数输出信号衰减：0dB/20dB 或 40dB（0dB 衰减即为不衰减）。

（7）输出信号类别：单频信号、扫频信号、调频信号（受外控）。

（8）函数输出非对称性（SYM）调节范围：关或 25%～75%（"关"位置时输出波形为对称波形，误差≤2%）；20%～80%（EE1641B1、EE1642B1）。

（9）扫描方式

内扫描方式：线性或对数。

外扫描方式：由 VCF 输入信号决定。

（10）内扫描特性

扫描时间：（10ms～5s）±10%。

扫描宽度：>1 频程。

（11）外扫描特性

输入阻抗：约 100kΩ。

输入信号幅度：0V～2V。

输入信号周期：10ms～5s。

（12）输出信号特征

正弦波失真度：<2%（EE1641B、EE1642B、EE1643B）<1%（EE1641B1、EE1642B1）。

三角波线性度：>99%（输出幅度的 10%～90%区域）。

脉冲波上升沿（输出幅度的 10%～90%）时间：

EE1641B/B1：≤100ns；

EE1642B/B1：≤30ns；

EE1643B：≤15ns；

（下降沿时间与上升沿时间指标相同）

脉冲波、上升、下降沿过冲：≤5%V_0（50Ω负载）。

测试条件：10kHz 频率输出，输出幅度 5Vp-p，直流电平调节为"关"位置，对称性调节为"关"位置，整机预热 10 分钟。

（13）输出信号频率稳定度：±0.1%/分钟

测试条件：同（12）。

（14）幅度显示

显示位数：三位（小数字自动定位）。

显示单位：Vp-p 或 mVp-p。

显示误差：V_0±20%±1 个字（V_0为输出信号的峰峰幅度值，负载电阻为 50Ω）（负载电阻≥1MΩ时 V_0读数需×2）。

分辨率（50Ω负载）：0.1Vp-p（衰减 0dB）。

10mVp-p（衰减 20dB）。

1mVp-p（衰减 40dB）。

（15）频率显示

显示范围：0.200Hz～20 000kHz。

显示有效位数：

五位（f0:10 000kHz～20 000kHz）

四位 f0：$(1.000\sim4.999)\times10^n$Hz

三位 f0：$(5.00\sim9.99)\times10^n$Hz

注：式中 n=0，1，2，3，4，5。

2）频率计数器技术参数

（1）频率测量范围：0.2Hz～20 000kHz。

（2）输入电压范围（衰减器为 0dB）。

50mV～2V（10Hz～20 000kHz）。

100mV～2V（0.2Hz～10Hz）。

（3）输入阻抗：500kΩ/30pF。

（4）波形适应性：正弦波、方波。

（5）滤波器截止频率：大约 100kHz（带内衰减，满足最小输入电压要求）。

（6）测量时间 0.1s（fi≥10Hz）。单个被测信号周期（fi<10Hz）。

（7）显示方式

显示范围：0.2Hz～20 000kHz。

显示有效位数：五位 10Hz～20 000kHz。

四位 1Hz～10Hz。

三位 0.2Hz～1Hz。

（8）测量误差：时基误差±触发误差（触发误差：单周期测量时被测信号的信噪声比优于 40dB，则触发误差小于或等于 0.3%）。

（9）时基

（a）标称频率：10MHz。

（b）频率稳定度：$\pm5\times10^{-5}$。

3）电源适应性及整机功耗

（1）电压：220V±10%。

（2）频率：50Hz±5%。

（3）功耗：≤30W。

3．使用说明

1）前面板各部分的名称和作用。

EEl641B 型函数信号发生器／计数器的前面板图如图 1.4。

（1）频率显示窗口：显示输出信号的频率或外测频信号的频率。

（2）幅度显示窗口：显示函数输出信号的幅度（50Ω负载时的峰峰值，或选 1MΩ时的峰峰值）。

（3）扫描宽度调节旋钮：调节此电位器可以改变内扫描的时间长短。在外测频时，逆时钟旋到底（绿灯亮），为外输入测量信号经过衰减"20dB"进入测量系统。

（4）外部输入插座："扫描/计数键功能选择在外扫描外计数状态时，外扫描控制信号或外测频信号由此输入。

图 1.4　EEl641B1 型函数信号发生器/计数器的前面板图

（5）TTL 信号输出端：输出标准的 TTL 幅度的脉冲信号，输出阻抗为 600Ω。

（6）函数信号输出端：输出多种波形受控的函数信号，输出幅度 20Vp-p（1MΩ负载），10Vp-p（50Ω负载）。

（7）函数信号输出幅度调节旋钮：调节范围 20dB。

（3）函数信号输出信号直流电平预置调节旋钮：调节范围：−5V～+5V（50Ω负载），当电位器处在关位置时，则为 0 电平。

（9）输出波形，对称性调节旋钮：调节此旋钮可改变输出信号的对称性。当电位器处关位置时，则输出对称信号。

（10）函数信号输出幅度衰减开关：【20dB】【40dB】键均不按下，输出信号不经衰减，直接输出到插座口。【20dB】【40dB】键分别按下，则可选择 20dB 或 40dB 衰减。

（11）函数输出波形选择按钮：可选择正弦波、三角波、脉冲波输出。

（12）【扫描/计数】按钮：可选择多种扫描方式和外测频方式。

（13）频率范围选择旋钮：调节此旋钮可改变输出频率的 1 个频程。

（14）整机电源开关：此按钮按下时，机内电源接通，整机工作。此键释放为关掉整机电源。

2）后面板各部分的名称和作用

（1）电源插座（AC 220V）：交流市电 220V 输入插座。

（2）保险丝座（FUSE0.5A）：交流市电 220V 进线保险丝管座，座内保险容量为 0.5A，座内另有一只备用 0.5A 保险丝。

3）测量、实验的准备工作

请先检查市电电压，确认市电电压在 220V±10% 范围内，方可将电源线插头插入本仪器后面板电源线插座内，供仪器随时开启工作。

4）自校检查

在使用本仪器进行测试工作之前，可对其进行自校检查，以确定仪器工作正常与否。

5）函数信号输出

（1）50Ω主函数信号输出

（a）以终端连接 50Ω匹配器的测试电缆，由前面板插座输出函数信号。

（b）由频率选择按钮选定输出函数信号的频段，由频率调节器调整输出信号频率，直到所需的工作频率值。

（c）由波形选择按钮选定输出函数的波形分别获得正弦波、三角波、脉冲波。

（d）由信号幅度选择器和选定和调节输出信号的幅度。

（e）由信号电平设定器选定输出信号所携带的直流电平。

（f）输出波形对称调节器可改变输出脉冲信号占空比，与此类似，输出波形为三角或正弦时可使三角波调变为锯齿波，正弦波调变为正与负半周分别为不同角频率的正弦波形，且可移相180°。

（2）TTL脉冲信号输出

（a）除信号电平为标准TTL电平外，其重复频率、调控操作均与函数输出信号一致。

（b）用测试电缆（终端不加50Ω匹配器）由输出插座输出TTL脉冲信号。

（3）内扫描扫频信号输出

（a）【扫描/计数】按钮选定为内扫描方式。

（b）分别调节扫描宽度调节器和扫描速率调节器获得所需的扫描信号输出。

（c）函数输出插座、TTL脉冲信号输出插座均输出相应的内扫描的扫频信号。

（4）外扫描调频信号输出

（a）【扫描/计数】按钮选定为【外扫描方式】。

（b）由外部输入插座输入相应的控制信号，即可得到相应的受控扫描信号。

6）外测频功能检查

（a）【扫描/计数】按钮选定为【外计数方式】。

（b）用本机提供的测试电缆，将函数信号引入外部输入插座，观察显示频率应与"内"测量时相同。

三、33120A 任意波形发生器

Agilent 33120A 任意波形发生器面板图如图 1.5 所示，按功能可分为显示区、功能区、菜单区及输出端口几个部分。下面将分别简要介绍各部分。

1. 显示区

显示输出波形的种类、频率、幅度、调制度等信息，此时右边的旋钮可调节正在显示的参数。

图 1.5　33120A 任意波形发生器面板图

2. 功能区

通过调节该部分可获得所需波形。

该部分每个按键均对应三种不同功能，黑色功能可通过直接按此键获得；蓝色功能则先要按下蓝色的【shift】切换后再按此键；绿色的数字功能则需先按下绿色的【Enter number】键后再按此键才能输入数字。

3. 菜单区

（1）【Enter】波形参数设计好后需按此键确认。

（2）上、下箭头可改变显示参数中闪烁光标处数值的大小或单位。

（3）左、右箭头可改变显示窗口中闪烁光标的位置。

（4）【recall Menu】可以调出波形发生器中所存的特殊函数。

以下以一个载波为正弦波的 AM 波形调节为例：

首先，先选中正弦波按键，再按下【Shift】+【正弦波】键，使显示屏显示出 AM，此时输出 AM 波形。

其次，参数调节

（a）按下【Freq】键，可调节载波频率，调节方式有三种

方式一：通过面板右上角手动大旋钮调节。

方式二：利用面板上所示【∧】，【∨】，【>】，【<】键调节，其中【>】、【<】改变闪烁光标所点亮的数的位置，【∧】、【∨】改变闪烁点处的值。

方式三：直接通过【Enter Number】输入数据。

按下【Enter Number】键，输入阿拉伯数字（在每个按键左侧有一个数字），再按下单位键，即【∧】、【∨】、【>】、【<】键。

（b）载波幅度调节

按下【Ample】键，将显示切换到幅度，按照 A 操作可完成调节。可以通过【∧】、【∨】、【>】、【<】选择峰值、有效值、分贝值三种单位。

（c）调制信号频率调节

按下【Shift】+【Freq】，此时显示 MOD＿＿＿ ＿＿＿ ＿＿＿Hz。按照 a 操作可进行调节。

注意：若十秒无操作，显示自动回到上一种显示状态。

（d）调制度调节

调制信号幅度调节是通过改变调制度加以表示，按下【Shift】+【Ample】可完成操作。

注意：在运用直接输入数据方式调节时单位应选"＞"即 dB 键，同样若十秒无操作，显示自动回到上一种显示状态。

四、F40 型数字合成函数信号发生器/计数器

F40 型数字合成函数信号发生器/计数器采用直接数字合成技术（DDS），主波形输出频率为 100μHz～40MHz，小信号输出幅度可达 1mV，脉冲波占空比分辨率高达千分之一，数字调频分辨率高、准确，猝发模式具有相位连续调节功能，输出波形达 30 余种且具有频率测量和计数的功能。

使用说明

1．测试前的准备工作

先仔细检查电源电压是否符合本仪器的电压工作范围，确认无误后方可将电源线插入本仪器后面板的电源插座内。仔细检查测试系统电源情况，保证系统间接地良好，仪器外壳和所有的外露金属均已接地。在与其他仪器相联时，各仪器间应无电位差。

2．函数信号输出使用说明

F40 型数字合成函数信号发生器/计数器的前面板图如图 1.6 所示。

图 1.6　F40 型数字合成函数信号发生器／计数器的前面板图

（1）数据键输入：十个数字键用来向显示区写入数据，写入方式为自右到左移位写入，超过十位后左端数字溢出丢失。【·】用来输入小数点，如果数据区中已经有小数点，按此键不起作用。【—】用来输入负号，如果数据区中已经有负号，再按此键则取消负号。

注意：用数据键输入数据必须输入单位，否则输入数值不起作用。

调节旋钮输入：调节旋钮可以对信号进行连续调节。按位移键【◄】【►】使当前闪烁的数字左移或右移，使用旋钮输入数据时，数字改变后立即生效，不用再按单位键。闪

烁的数字向左移动，可以对数据进行粗调，向右移动则可以进行细调。

（2）功能选择：仪器开机后为"点频"功能模式，输出单一频率的波形，按【调频】、【调幅】、【扫描】、【猝发】、【点频】、【FSK】和【PSK】可以分别实现 7 种功能模式。

（3）频率设定：按【频率】键，显示出当前频率值，可用数字键或调节旋钮输入频率值，这时仪器输出端口即有该频率的信号输出。点频频率设置范围为 100μHz～40MHz（F40）。

幅变设定：按【幅度】键，显示出当前幅度值，可用数据键或调节旋钮输入幅度值，这时仪器输出端口即有该幅度的信号输出。

直流偏移设定：按【shift】后再按【偏移】键，显示出当前直流偏移值，如果当前输出波形直流偏移不为 0，此时状态显示区显示直流偏移标志"Offset"，可用数据键或调节旋钮输入直流偏移值，这时仪器输出端口即有该直流偏移的信号输出。

零点调整：对输出信号进行零点调整时，使用调节旋钮调整直流偏移要比使用数据键方便，直流偏移在经过零点时正负号能够自动变化。

（4）常用波形的选择：按下【shift】键后再按下波形键，可以选择正弦波、方波、三角波、升锯齿波、脉冲波五种常用波形。同时波形显示区显示相应的波形符号。

一般波形的选择：先按下【shift】键再按下【Arb】键，显示区显示当前波形的编号和波形名称。如"6:NOISE"表示当前波形为噪声。然后用数字键或调节旋钮输入波形编号来选择波形。

除点频功能模式外的其他功能模式中基本信号或载波的波形只能选择正弦波和方波两种。波形以及相应编号对应关系如表 1.1 所示。

表 1.1 波形以及相应编号对应关系

波形编号	波形名称	提示符	波形编号	波形名称	提示符
1	正弦波	SINE	15	半波整流	COMMUT_H
2	方波	SQUARE	16	正弦波横切割	SINE_TRA
3	三角波	TRIANG	17	正弦波纵切割	SINE_VER
4	升锯齿	UP_RAMP	18	正弦波调相	SINE_PM
5	降锯齿	DOWM_RAMP	19	对数函数	LOG
6	噪声	NOISE	20	指数函数	EXP
7	脉冲波	PULSE	21	半圆函数	HALF_ROUND
8	正脉冲	P_PULSE	22	SINX/X 函数	SINX/X
9	负脉冲	N_PULSE	23	平方根函数	SQUARE_ROOT
10	正直流	P_DC	24	正切函数	TANGENT
11	负直流	N_DC	25	心电图波	CARDIO
12	阶梯波	STAIR	26	地震波形	QUAKE
13	编码脉冲	C_PULSE	27	组合波形	COMBIN
14	全波整流	COMMUT_A			

（5）占空比调整：当前波形为脉冲波时，如果显示区显示的是幅度值，再按一次【脉宽】后显示出脉宽值。如果显示区显示既不是幅度值也不是脉宽值，则连续按两次【脉宽】显示区显示脉宽值，此时利用数字键或调节旋钮可以对占空比进行调整。

（6）门控输出：按【输出】键禁止信号输出，此时输出信号指示灯灭，再按一次【输出】键信号开始输出，此时输出信号指示灯亮。【输出】键可以在信号输出和关闭之间反复进行切换，输出信号指示灯也相应以亮（输出）和灭（关闭）进行指示，这样可以对输出信号进行闸门控制。

（7）信号的存储与调用功能：可以存储信号的频率值、幅度值、波形、直流偏移值、功能状态。共可以存储10组信号，编号为1～10，在需要的时候可以进行调用。

（8）频率扫描功能模式：输出一组只有频率变化，其他参数相同的信号。

按【菜单】键出现菜单：

MODE⇒START F⇒STOP F⇒TIME⇒TRIG。

MODE：扫描模式，分为线性扫描和对数扫描。

START F：扫描起点频率。

STOP F：扫描终点频率。

TIME：扫描时间。

TRIG：扫描触发方式。

（a）基本信号：按【扫描】键进入扫描功能模式，显示区显示起点频率。扫描功能模式中载波的波形只能选择正弦波和方波两种。

（b）扫描模式【MODE】：扫描方式【MODE】分为线性（编号为1）和对数（编号为2）两种。线性扫描模式时，信号频率自动增加一个步长值（步长值由仪器根据扫描起点频率和终点频率以及扫描时间自动算出），对数扫描模式时，信号频率按照指数规律变化。

当扫描模式为线性时，起点频率和终点频率的输入范围为 100μHz～40MHz（F40）；当扫描模式为对数时，起点频率和终点频率的输入范围为 1mHz～40MHz（F40）。

扫描时间的范围为 1ms～800s。

（c）扫描举例：

频率扫描：在 100Hz 至 200kHz 区间内，扫描时间为 10s，进行频率线性扫描，触发方式为内部触发。按键顺序如下：

按【扫描】键，（进入频率扫描功能模式）。

按【菜单】键，选择扫描模式【MODE】选项，按【1】【N】（设置扫描模式为线性）。

按【菜单】键，选择起点频率【START F】选项，按【1】【0】【0】【Hz】（设置起点频率）。

按【菜单】键，选择终点频率【STOP F】选项，按【2】【0】【0】【kHz】（设置终点频率）。

按【菜单】键，选择扫描时间【TIME】选项，按【1】【0】【s】（设置扫描时间）。

按【菜单】键，选择触发方式【TRIG】选项，按【1】【N】（设置触发方式为内触发）。

（9）调频功能模式：调频又称为"频率调制"。

FM DEVIA⇒FM FREQ⇒FM WAVE⇒FM SOURCE。

FM DEVIA：调制频偏。

FM FREQ：调制信号的频率。

FM WAVE：调制信号的波形，共有 5 种波形可选。

FM SOURCE：调制信号是机内信号还是外输入信号。

调频举例：

载波信号为方波，频率为 1MHz，幅度为 2V；调制信号来自内部，调制波形为正弦波（波形编号为 1），频率为 5kHz，频偏为 200kHz。按键顺序如下：

按【调频】键，（进入调频功能模式）。

按【频率】键，按【1】【MHz】（设置载波频率）。

按【幅度】键，按【2】【V】（设置载波幅度）。

按【shift】键和【方波】（设置载波波形）。

按【菜单】键，选择调制频偏【FM DEVIA】选项，按【2】【0】【0】【kHz】（设置调制频偏）。

按【菜单】键，选择调制信号频率【FM FREQ】选项，按【5】kHz】（设置调制信号频率）。

按【菜单】键，选择调制信号波形【FM WAVE】选项，按【1】【N】（设置调制信号波形为正弦波）。

按【菜单】键，选择调制信号源【FM SOURCE】选项，按【1】【N】（设置调制信号源为内部）。

（10）调幅功能模式：调幅又称为"幅度调制"。

按【菜单】键将出现菜单：

AM LEVEL⇒AM FREQ⇒AM WAVE ⇒AM SOURCE。

AM LEVEL：调制深度。

AM FREQ：调制信号的频率。

AM WAVE：调制信号的波形，共有五种波形可选。

AM SOURCE：调制信号是机内信号还是外输入信号。

调幅举例：

载波信号为方波，频率为 1MHz，幅度为 2V；调制信号来自内部，调制波形为正弦波（波形编号为 1），调制信号频率为 5kHz，调制深度为 50%。按键顺序如下：

按【调幅】键，（进入调幅功能模式）。

按【频率】键，按【1】【MHz】（设置载波频率）。

按【幅度】键，按【2】【V】（设置载波幅度）。

按【shift】键和【方波】（设置载波波形）。

按【菜单】键，选择调制深度【AM LEVEL】选项，按【5】【0】【N】（设置调制深度）。

按【菜单】键，选择调制信号频率【AM FREQ】选项，按【5】【kHz】（设置调制信号频率）。

按【菜单】键，选择调制信号波形【AM WAVE】选项，按【1】【N】（设置调制信号波形为正弦波）。

按【菜单】键，选择调制信号源【AM SOURCE】选项，按【1】【N】（设置调制信号源为内部）。

（11）猝发功能模式：猝发功能时可输出一定周期数的频率不变的脉冲串。

按【菜单】键将出现菜单：

TRIG⇒COUNT⇒SPACE T⇒PHASE

TRIG：猝发的触发方式。

COUNT：周期个数。

SPACE T：猝发间隔时间。

PHASE：正弦波为猝发起点相位，方波为高低电平。

猝发举例：

要对频率为 20kHz，幅度为 2V 的正弦波进行猝发输出，每组输出 10 个周期的波形，各组波形之间间隔时间为 10ms，每组波形起始相位为 90°。按键顺序如下：

按【猝发】键，（进入猝发功能模式）。

按【频率】键，按【2】【0】【kHz】（设置波形频率）。

按【幅度】键，按【2】【V】（设置波形幅度）。

按【shift】键和【正弦波】（设置波形）。

按【菜单】键，选择触发方式【TRIG】选项，按【1】【N】（设置触发方式为内触发）。

按【菜单】键，选择周期个数【COUNT】选项，按【1】【0】【N】（设置周期个数值）。

按【菜单】键，选择猝发间隔时间【SPACE T】选项，按【1】【0】【ms】（设置猝发间隔时间）。

按【菜单】键，选择猝发起始相位【PHASE】选项，按【9】【0】【N】（设置猝发起始相位）。

（12）键控功能：键控分为二种功能：频移键控（FSK），相移键控（PSK）。

按【菜单】键将出现菜单：

START F⇒STOP F⇒SPACE T⇒TRIG。

START F：FSK 第一个频率。

STOP F：FSK 第二个频率。

SPACE T：FSK 间隔时间。

TRIG：FSK 触发方式。

FSK 举例：

要对输出幅度为 2V，频率在 20kHz 和 600kHz 之间交替，交替间隔时间为 10ms 的正弦信号。按键顺序如下：

按【键控】键，（进入 FSK 功能模式）。

按【幅度】键，按【2】【V】（设置波形幅度）。

按【shift】键和【正弦波】（设置波形）。

按【菜单】键，选择触发方式【TRIG】选项，按【1】【N】（设置触发方式为内触发）。

按【菜单】键，选择频率 1【START F】选项，按【2】【0】【kHz】（设置频率 1）。

按【菜单】键，选择频率 2【STOP F】选项，按【6】【0】【0】【kHz】（设置频率 2）。

按【菜单】键，选择间隔时间【SPACE T】选项，按【1】【0】【ms】（设置间隔时间）。

（13）进入相移键控（PSK）功能模式。

按【菜单】键将出现菜单：

P1⇒P2⇒SPACE T⇒TRIG。

P1：信号第一相位。

P2：信号第二相位。

SPACE T：间隔时间。

TRIG：PSK 触发方式。

PSK 举例：

要对输出频率为 600kHz，幅度为 2V，起始相位在 90°和 180°之间交替，交替间隔时间为 10ms 的正弦信号。按键顺序如下：

按【键控】键，（进入 PSK 功能模式）。

按【频率】键，按【6】【0】【0】【kHz】（设置波形频率）。

按【幅度】键，按【2】【V】（设置波形幅度）。

按【shift】键和【正弦波】（设置波形）。

按【菜单】键，选择触发方式【TRIG】选项，按【1】【N】（设置触发方式为内触发）。

按【菜单】键，选择起始相位 1【P1】选项，按【9】【0】【N】（设置相位1）。

按【菜单】键，选择起始相位 2【P2】选项，按【1】【8】【0】【N】（设置相位2）。

按【菜单】键，选择间隔时间【SPACE T】选项，按【1】【0】【ms】（设置间隔时间）。

（14）系统功能：可以对开机状态，GP-IB 地址、输出阻抗等参数进行设置。

按【菜单】键出现菜单。

POWER⇒ADDRESS⇒OUT Z⇒INTERFACE⇒。

BAUD⇒PARITY⇒STORE OPEN。

POWER ON：开机状态。

ADDRESS：GP-IB 接口地址。

OUT Z：输出阻抗。

INTERFACE：接口选择。

BAUD：RS232 接口通讯速率。

PARITY：RS232 接口通讯数据位数和校验。

STORE OPEN：存储功能开或关。

输出阻抗【OUT Z】：仪器的输出阻抗，可以在高阻（编号和提示符分别为 1：HIGH Z）和 50 欧姆（编号和提示符分别为 2：50 OHM）进行设置。出厂时设置为高阻（编号和提示符分别为 1：HIGH Z）。

在显示区闪烁显示为输出阻抗【OUT Z】1 秒后，自动显示当前输出阻抗，可用数据键或调节旋钮输入当前输出阻抗。

3．计数器使用说明

1）计数器功能：可以进行测频和计数功能模式

（1）按【shift】键和【测频】键，进入频率测量功能模式，此时显示区下端功能状态显示区显示频率测量功能模式标志 Ext 和 Freq，可以对从后面板"测频/计数输入"端口外部输入信号的频率进行测量。若再按【Shift】键和【计数】键设置当前处于计数测量功能模式，此时显示区下端功能状态显示区显示计数测量功能模式标志 Ext 和 Count，可以对从后面板"测频/计数输入"端口外部输入信号的周期个数进行计数。

测量频率范围为 1Hz～100MHz。

（2）闸门时间：在测频功能模式下，按【Shift】键和【闸门】键进入闸门时间设置状态，可用数据键或调节旋钮输入闸门时间值。在闸门开启时，显示区右侧频率计数状态显示区显示闸门开启标志"GATE"。

闸门时间范围为 10ms～10s。

（3）低通：在频率计数器功能模式下，按【Shift】键和【低通】键设置当前输入信号经过低通进行测量，显示区右侧频率计数状态显示区显示低通状态标志"Filter"。

（4）衰减：在频率计数器功能模式下，按【Shift】键和【衰减】键设置当前输入信号经过衰减进行测量，显示区右侧频率计数状态显示区显示衰减状态标志"ATT"。

在计数功能模式下，按【◄】键后计数停止，并显示当前计数值，再按一次【◄】键，计数继续进行。

在计数功能模式下，按【►】键后把计数值清零并重新开始计数。

1.3 数字逻辑箱

一、DLE-4 型数字逻辑实验仪

DLE-4 型数字逻辑实验仪由电源、逻辑开关、七段译码显示器、电平显示器、时钟电路、时序发生器和启停电路、连续和单次脉冲信号源、电位器组和课程设计板各部分组成。DLE-4 型数字逻辑实验仪如图 1.7 所示。

系统各部分电路安装在箱体左部的线路板上，箱体的右部是实验设计板。各种信号均已引到相应的接线插座上。实验连线和插座为锁紧式插头座，接插方便快捷。

1．20 个逻辑开关 K0～K19

K_i 插座的输出对应于 K_i 设置的相应逻辑值，开关向上为逻辑"1"，向下为逻辑"0"，实验中可根据需要设置数据或控制信号。

2．20 个电平显示电路 L0～L19

当 Li 插座接高电平时，发光管亮；当接低电平或没接信号时，发光管无显示。实验中用于显示数据、地址或高低电平。

3．单脉冲电路

P0～P3 每个单脉冲电路都由一个微动开关和两个 TTL—与非门构成，两个与非门构成一个基本 RS 触发器，用以防止微动开关簧片的抖动对输出的影响。当按放一下 P0～P3 按钮时，可以从上部的对应的锁紧插座（P0～$\overline{P0}$、P1～$\overline{P1}$、P2～$\overline{P2}$、P3～$\overline{P3}$）分别得到正的和负的单脉冲，两个输出端提供互补的逻辑"1"和逻辑"0"状态，该单脉冲输出信号可驱动 10 个以上的 TTL 门电路。

图 1.7　DLE-4 型数字逻辑实验仪面板图

4．时钟电路

该电路提供一组方波，Q1 输出频率为 4MHz，Q2 为 2MHz，Q3 为 1MHz，Q4 为 500kHz，实验中，可任选一个方波信号接到 MF 来作为时序发生器电路的时钟输入。

5．时序发生器和启停电路

时序产生器电路主要由循环移位寄存器，以及一些相应逻辑组成。这里 MF 作为时钟输入端，可以从 Q1～Q4 中任选一个连接。按表一将线连好，启动控制信号 QD 和 $\overline{QD}$ 分别接 F0 和 $\overline{P0}$。

6．连续脉冲发生器

一个 CMOS 基本多谐振荡器。通过短路器插入下部板上标有频率范围所对应的插座来选择频率，连续脉冲信号从 "⌐‾⌐‾⌐‾" 的插座端输出。操作 "频率调节" 和脉宽调节旋钮来选择所需要脉冲频率与宽度，调节频率时，应注意脉宽调节旋钮先在中间位置，再利用示波器调节所需的脉冲频率与宽度。

7．6 位 7 段译码显示电路

6 位 7 段译码显示器安装在实验仪的左上部。8、4、2、1 码二进制电平信号及小数点在对应的 DA、DB、DC、DD、DE、DF、DP 各插座输入。输入二进制码后（可利用逻辑开关打入），显示器即显示 "0"～"9" 各数字。如果做译码器实验，将 CD4511 电路拔下，在 IC 插座的 9～15 脚（a、b、c、d、e、f、g）即 7 段显示器所对应的笔划段的脚位，用 $\phi 0.5$ 单芯线连接到实验译码器的输出信号端。就可进行上述实验。利用转接板上的单列插座及

锁紧式插座就可进行 ϕ0.5 单芯线与锁紧式插头之间的转换（转接）。

在主线路板的右下部配了三个独立的电位器（W1-1K，W2-10K，W3-100K），它们是未与其他线路连接的独立元件，以备进行电路实验时灵活使用。每个电位器的三个引出端已连接到与电位器符号对应的锁紧插座上。

8. 实验设计板

实验设计板是由 IC 插座和锁紧式插座组成。实验设计板上备有 14P、16P、18P、20P、24P、28P、及 40P 各种规格的 IC 座共 34 个，每个插座的引脚都与锁紧式插座对应连接，锁紧式插座上标的数字与电路的脚位相同。虚线外的各 IC 插座的电源脚与 5V 电源连通，虚线框内的 IC 插座的所有引出脚均未与电源连通。以便插入电源端不在左上角和右下角的各种集成电路，并按电路规定的电源脚连线。

实验仪内配备带锁紧式插头的专用连线 100 根，在实验连线时，将锁紧式插头插入锁紧式插座后顺时针方向旋转 30°左右，就很牢固，拔出插头时，需向逆时针方向旋转 30°左右就很容易拔出。

9. 直流稳压电源

技术指标：

输入交流电压：220V　±10%

输出直流电压、电源：5V±0.2V，2A

12V ±0.2V，0.3A 两路

电网调整率：0.1%（外电网电压 220V±10%）

负载调整率：2%（负载从 0～满载）

纹波电压：≤15mv（p-p 值）

10. 多孔实验插座板及转接座

实验插座板的每五个插孔内由导电簧片互相连通，插孔间距适合于插入各种小、中、大规模的集成电路和各种电子元器件及 ϕ0.5mm 的单芯塑料导线。实验时搭试电子线路及更换元器件都十分方便。

二、DF6909 型数字逻辑实验仪

1. 实验供电

实验箱如图 1.8 所示，内设有带熔断器（0.5A）的 220V 单相交流电流三芯插座（配有三芯插头电源线一根）。箱内设有 1 只电源变压器，供直流稳压电源用。

2. 主要电路

两块大型单面敷铜印制线路板，正面丝印有清晰的各部件、元器件的图形、线条和字符，反面则是相应的印制线路板图，该板上包含着以下各部分内容：

（1）电源总开关【POWER】。

（2）直流稳压电源 DC Source。提供+5V/1A 直流稳压电源一路，有相应的电源输出插座及相应的 LED 发光二极管指示，装有熔断器作短路保护用。

图 1.8　逻辑实验箱面板图

（3）高性能双列直插式圆脚集成电路插座 42 只。

（4）多个可靠、防转、叠插式插座。与集成电路插座、镀银针管座以及其他固定器件、线路等已在印制面连接好。正面板上有黑线链接的地方，表示内部（即反面）已接好。

（5）多根镀银长紫铜针管插座，供实验时接插小型电位器、电阻、电容等分立元件（它们与相应的插座已在印制线路板面连通）。

（6）左上角两只共阴极 LED 数码显示管，8 个显示管的管脚均已与相应的插座相连。

（7）六位十六进制七段译码器与 LED 数码显示管。每一位译码器均采用可编程逻辑器件 FAL 设计而成，具有十六进制全译码功能。显示器为共阴极 LED 数码管，与译码器已在印制线路板面连通，当译码器输入 0000——1111 时，可显示四位 BCD 十六进制全译码代号：0、1、2、3、4、5、6、7、8、9、A、B、C、D、E、F。

使用时，必须用连接线将 +5V 电源插入译码器与数码管左侧的 +5V 处，这部分电路才能正常工作！在没有 BCD 码输入时，六位译码显示电路显示 "F"。

（8）LED 发光二极管及电平输入。共 16 位，当输入孔接高电平时所对应的 LED 发光二极管亮，输入孔接低电平时，则熄灭！

（9）逻辑电平开关及输出。共 16 位，当开关向上拨（即拨向 "H"）时，与之对应的输出孔输出高电平，当开关向下拨（即拨向 "L"）时，对应的输出为低电平。

（10）基准脉冲信号发生器。提供三路防抖键控脉冲信号，另有 14 个标准频率的方波信号源和 1 个可用作计数的频率可连续可调的脉冲信号源。

三路防抖键控脉冲信号：每按一次键，与之对应的输出孔输出一个正脉冲。

基准脉冲信号源：由晶振通过分频电路获得标准频率的方波信号。包括 Q_4，Q_6，……，Q_{22} 共 14 个输出孔，每个输出孔的频率可按下式确定：

$$f_n = 4194304Hz/2^n$$

如：Q_{22} 输出孔的方波信号频率是标准的 1Hz。

频率可调的计数脉冲信号源：能在很宽的范围内（0.5Hz～300kHz）调节输出频率，可用作低频率计数脉冲源，在中间一段较宽的频率范围，可用作连续的脉冲波激励源。

（11）面包板。利用面包板可以方便自由搭接电路，面包板中间有一道横槽将其分为两部分，方便跨接集成块；横槽两边各有五列插孔，其每一列完全相通，而各列之间互不相关，可用于插接元件及连线。面包板最上端和最下端各有一排插孔（5 个小孔一组），一般情况下最外三组是互相接通的，这两排孔一般用于接电源或地。

1.4 实验室其他常用仪器面板图

YB1731C2A 型直流稳压电源和 JWY-30F 型直流稳压电源面板图，见图 1.9，图 1.10。

图 1.9 YB1731C2A 型直流稳压电源

图 1.10　JWY-30F 型直流稳压电源

第二章　实验基础知识

2.1　集成电路外引线的识别

集成电路是现代电子线路的重要组成部分，集成电路按工艺分，可分为半导体集成电路、薄膜集成电路和由二者组成的混合集成电路。按功能，分为模拟集成电路和数字集成电路。按集成度分，可分为小规模集成电路、中规模集成电路、大规模集成电路以及超大规模集成电路等。按外型，分为圆形、扁平型和双列直插型。

使用集成电路前，应认真阅读器件的相关资料，了解各个引脚的功能及分布，以免因接错而损坏器件。扁平型和双列直插型集成电路引脚排列的一般规律是：

将器件的文字符号标记正放，由顶部俯视，从左下脚起，按逆时针方向数，依次为 1，2，3，4，5 等，如图 2.1 所示。

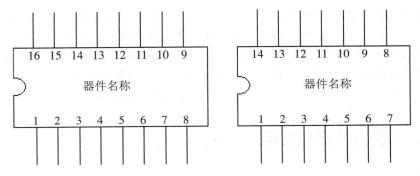

图 2.1　16 脚及 14 脚集成电路引脚排列

以上外引线的识别方法针对大多数集成电路，实际使用时最好仔细查看器件手册，以免用错。

2.2　电路接地的概念

电子线路图中总是有许多接地符号，在实验中理解接地的概念是很重要的。

接地有多种含义。

（1）电子仪器的外壳接地接的是大地，这是保护性接地，这一接地措施可以使仪器的外壳与大地等电位，从而避免了因仪器漏电而使外壳带电造成的触电危险。

（2）电子电路图中的接地，对电路而言是一个共用参考点，电路中其他各点电压的高低都是以这一参考点为基准的，电路图中所标出的各点电压数据都是相对于地端的大小。接地符号是一种电路连线的省略画法，表示接地点与电源的正极或负极相连，这一接地与仪器外壳保护性接地概念不同。

（3）相同接地点之间的连线称为地线。

（4）采用正极性供电的电路图中，接地点是电源的负极，电路中所有与电源负极相连的元器件、线路都可以用同一个接地符号来表示，这样同一个电路图中相同符号接地点之间是相通的，这一接地就是共用参考点。采用这种方法后，可以减少电路图中的连线，从而可以方便电路的分析。

（5）采用负极性供电的电路图中，接地点是电源的正极，电路中所有与电源正极相连的元器件、线路都可以用同一个接地符号来表示，这一接地也是共用参考点。一般电路中采用正极性电源供电的情况比较多。

（6）一般情况下，一张电路图中只有一种接地符号，此时所有的接地点是相连的。在少量的电路图中会出现两种不同的接地符号，此时表示这种电路中存在两个彼此独立的直流电源供电系统（相互之间没有共用参考点），这时两种接地点之间是高度绝缘的，修理中不能将这两个地线接通，否则将烧坏有关电路。在彩色电视机电路中就存在这种两种地线的情况，要高度重视。

（7）电路中某一个元器件与地线之间开路了，这意味着该元器件已不能构成电流回路，该元器件不能正常工作。

接地符号的使用并没有严格地规定；尤其当他们被提及或在文件中出现时特别会混淆。常用的接地符号为，三条向下递减的水平线，这样让人直觉就知道是代表地面的意思。

一条水平线加上三条向下延伸的斜线代表大地或机箱的接地。三条向下递减的水平线代表模拟地或者电路地。中空的三角形通常表示数字接地，但是也常被用作参考接地。一个符号或是数字摆在三角形中间的话，可能用来表示与其他参考点共地。

2.3 关于仪器的阻抗及阻抗匹配

一、仪器的阻抗

作为信号源一类的仪器，其输出阻抗都是很低的，通信系列的仪器（例如高频信号发生器等）典型值是 50Ω，电视系列的仪器典型值是 75Ω（例如扫频仪的扫频输出端或电视信号发生器的射频输出端）。虽然有的低频信号发生器也有几百欧姆输出阻抗的输出端子，但是作为电压输出的端子，其输出阻抗一般不会超过 $1k\Omega$（低频信号发生器的功率输出端子除外）。之所以信号源的输出阻抗一般都做得很低，是因为信号源是产生信号的。在测量过程中，它是要将自己的信号耦合到被测电路上的，如果信号源的阻抗做得很低，就很容易将信号源产生的信号耦合到输入阻抗较高的被测电路上。另外，对于高频测量，由于通信设备和电视设备一般射频输入端的阻抗是 50Ω 和 75Ω，故而将仪器的输出阻抗设定在 50Ω 和 75Ω，在测量过程中，就可以满足所要求的阻抗匹配。

一般，在低频测量中，并不非要阻抗匹配不可。大多数情况是被测电路的输入阻抗比信号源的输出阻抗大得多，对信号源而言，往往可等效为开路输出（即空载）。而在高频情况下，一般是非要阻抗匹配不可，否则由于反射波的影响，会造成耦合到被测电路上的信号幅度与馈线的长短有关，从而会造成耦合到被测电路输入端的信号幅度与信号源上的指示值不同，这就会造成测量结果的不正确。当测量频率上升到几十兆乃至上百兆时，这种影响就会变得显著。

例如：对于扫频仪，当进行"零分贝校正"时，如果阻抗不匹配，则在频率较低的频段，屏幕上的扫描线是直的（不是指基线），但是在较高频率的频段，扫描线就会变得起伏不平。这尤其对于宽频带测量，就带来较大的误差。作为电压表（例如晶体管毫伏表）或示波器一类的从被测电路上取得信号来测量的仪器，一般的输入阻抗都较高，典型值为 $1M\Omega$，有的（例如示波器）还标有输入电容（例如 25pF）。之所以它们阻抗要做得较高，是因为这样可以使得它们对被测电路的影响较小。但是，当被测电路的输出阻抗大到与它们的输入阻抗相比拟时，则仪器的输入阻抗对被测电路的影响就变得显著了，这时测量结果往往不准确了（这一点往往容易被初学者所忽略）。

对于仪器的输入电容来说，在低频情况下对测量没有什么大的影响。但是在高频情况下，有时就得小心。例如用示波器直接测量一个没有经过缓冲的振荡器，由于示波器输入端的电容直接并联在被测振荡器上，就会对振荡器的工作有影响，所得到的测量结果也就不准确。

二、阻抗匹配

另外，信号源耦合到被测电路上的信号幅度在匹配和非匹配状态下是不同的，仪器面板上所指示的输出幅度一般要么是空载输出的幅度，要么是匹配输出的幅度，这可通过仪器使用说明或通过实测来确定。如果被测电路的输入阻抗不是比信号源输出阻抗大得多，也不与信号源的输出阻抗相匹配，则不可以通过信号源的面板指示来确定耦合到被测电路上的信号幅度，而要通过实测确定。

实际的电压源，总是有内阻的，如图 2.2 所示。我们可以把一个实际电压源，等效成一个理想的电压源跟一个电阻 r 串联的模型。右图中 R 为负载电阻，r 为电源 E 的内阻，E为电压源。由于 r 的存在，当 R 很大时，电路接近开路状态；而当 R 很少时接近短路状态。显然负载在开路及短路状态都不能获得最大功率。所以，当负载电阻等于电源内阻时，负载将获得最大功率。这就是电子电路阻抗匹配的基本原理。

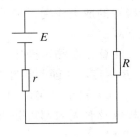

当阻抗不匹配时，有哪些办法让它匹配呢？第一，可以考虑使用变压器来做阻抗转换。第二，可以考虑使用串联/并联电容或电感的办法，这在调试射频电路时常使用。第三，可以考虑使用串联/并联电阻的办法。一些驱动器的阻抗比较低，可以串联一个合适的电阻来跟传输线匹配，例如高速信号线，

图 2.2　电压源的等效电路

有时会串联一个几十欧的电阻。而一些接收器的输入阻抗则比较高，可以使用并联电阻的方法，来跟传输线匹配。

2.4　常用元器件的检测方法

元器件的检测是实验过程中的一项基本功，如何准确有效地检测元器件的相关参数，判断元器件是否正常，必须根据不同的元器件采用不同的方法，从而判断元器件的正常与否。以下对常用电子元器件的检测方法进行介绍并提供参考。

一、电阻器的检测方法

（1）固定电阻器的检测。将两表笔（不分正负）分别与电阻的两端引脚相接即可测出实际电阻值。为了提高测量精度，应根据被测电阻标称值的大小来选择量程。

（2）电位器的检测。检查电位器时，首先要转动旋柄，看看旋柄转动是否平滑，开关是否灵活，开关通、断时"喀哒"声是否清脆，并听一听电位器内部接触点和电阻体摩擦的声音。如有"沙沙"声，说明质量不好。用万用表测试时，先根据被测电位器阻值的大小，选择好万用表的合适电阻挡位。

二、电容器的检测方法与经验

（1）固定电容器的检测

（a）检测 10pF 以下的小电容：

因 10pF 以下的固定电容器容量太小，用万用表进行测量，只能定性地检查其是否有漏电、内部短路或击穿现象。测量时，可选用万用表的 $R×10k$ 挡，用两表笔分别任意接电容的两个引脚，阻值应为无穷大。若测出阻值（指针向右摆动）为零，则说明电容漏电损坏或内部击穿。

（b）检测 10pF～0.01μF 固定电容器是否有充电现象，进而判断其好坏。万用表选用 $R×1k$ 挡。两只三极管的 $β$ 值均为 100 以上，且穿透电流要小。可选用 3DG6 等型号硅三极管组成复合管。万用表的红和黑表笔分别与复合管的发射极 e 和集电极 c 相接。由于复合三极管的放大作用，把被测电容的充放电过程予以放大，使万用表指针摆幅度加大，从而便于观察。

注意：在测试操作时，特别是在测较小容量的电容时，要反复调换被测电容引脚接触 A、B 两点，才能明显地看到万用表指针的摆动。

（c）对于 0.01μF 以上的固定电容，可用万用表的 $R×10k$ 挡直接测试电容器有无充电过程以及有无内部短路或漏电现象，并可根据指针向右摆动的幅度大小估计出电容器的容量。

（2）电解电容器的检测

（a）因为电解电容的容量较一般固定电容大得多，所以，测量时，应针对不同容量选用合适的量程。根据经验，一般情况下，1～47μF 间的电容，可用 $R×1k$ 挡测量，大于 47μF 的电容可用 $R×100$ 挡测量。

（b）将万用表红表笔接负极，黑表笔接正极，在刚接触的瞬间，万用表指针即向右偏转较大偏度（对于同一电阻挡，容量越大，摆幅越大），接着逐渐向左回转，直到停在某一位置。此时的阻值便是电解电容的正向漏电阻，此值略大于反向漏电阻。实际使用经验表明，电解电容的漏电阻一般应在几百千欧以上，否则，将不能正常工作。在测试中，若正向、反向均无充电的现象，即表针不动，则说明容量消失或内部断路；如果所测阻值很小或为零，说明电容漏电大或已击穿损坏，不能再使用。

（c）对于正、负极标志不明的电解电容器，可利用上述测量漏电阻的方法加以判别。即先任意测一下漏电阻，记住其大小，然后交换表笔再测出一个阻值。两次测量中阻值大的那一次便是正向接法，即黑表笔接的是正极，红表笔接的是负极。

（d）使用万用表电阻挡，采用给电解电容进行正、反向充电的方法，根据指针向右摆动幅度的大小，可估测出电解电容的容量。

三、二极管的检测方法与经验

1．检测小功率晶体二极管

（1）判别正、负电极。

（a）观察外壳上的的符号标记。通常在二极管的外壳上标有二极管的符号，带有三角形箭头的一端为正极，另一端是负极。

（b）观察外壳上的色点。在点接触二极管的外壳上，通常标有极性色点（白色或红色）。一般标有色点的一端即为正极。还有的二极管上标有色环，带色环的一端则为负极。

（c）以阻值较小的一次测量为准，黑表笔所接的一端为正极，红表笔所接的一端则为负极。

（2）检测最高工作频率 f_M。晶体二极管工作频率，除了可从有关特性表中查阅出外，实用中常常用眼睛观察二极管内部的触丝来加以区分，如点接触型二极管属于高频管，面接触型二极管多为低频管。另外，也可以用万用表 $R\times1k$ 挡进行测试，一般正向电阻小于 $1k\Omega$ 的多为高频管。

（3）检测最高反向击穿电压 V_{RM}。对于交流电来说，因为不断变化，因此最高反向工作电压也就是二极管承受的交流峰值电压。需要指出的是，最高反向工作电压并不是二极管的击穿电压。一般情况下，二极管的击穿电压要比最高反向工作电压高得多（约高一倍）。

2．变容二极管的检测

将万用表置于 $R\times10k$ 挡，无论红、黑表笔怎样对调测量，变容二极管的两引脚间的电阻值均应为无穷大。如果在测量中，发现万用表指针向右有轻微摆动或阻值为零，说明被测变容二极管有漏电故障或已经击穿损坏。对于变容二极管容量消失或内部的开路性故障，用万用表是无法检测判别的。必要时，可用替换法进行检查判断。

3．单色发光二极管的检测

在万用表外部附接一节 1.5V 干电池，将万用表置 $R\times10$ 或 $R\times100$ 挡。这种接法就相当于给万用表串接上了 1.5V 电压，使检测电压增加至 3V（发光二极管的开启电压为 2V）。检测时，用万用表两表笔轮换接触发光二极管的两管脚。若管子性能良好，必定有一次能正常发光，此时，黑表笔所接的为正极，红表笔所接的为负极。

四、三极管的检测方法

1．中、小功率三极管的检测

1）已知型号和管脚排列的三极管，可按下述方法来判断其性能好坏。

（a）测量极间电阻。将万用表置于 $R\times100$ 或 $R\times1k$ 挡，按照红、黑表笔的六种不同接法进行测试。其中，发射结和集电结的正向电阻值比较低，其他四种接法测得的电阻值都很高，约为几百千欧至无穷大。但不管是低阻还是高阻，硅材料三极管的极间电阻要比锗材料三极管的极间电阻大得多。

（b）三极管的穿透电流 I_{CEO} 的数值近似等于管子的倍数 β 和集电结的反向电流 I_{CBO} 的乘积。I_{CBO} 随着环境温度的升高而增长很快，I_{CBO} 的增加必然造成 I_{CEO} 的增大。而 I_{CEO} 的增大将直接影响管子工作的稳定性，所以在使用中应尽量选用 I_{CEO} 小的管子。

通过用万用表电阻直接测量三极管 e-c 极之间的电阻方法，可间接估计 I_{CEO} 的大小，具体方法如下：

万用表电阻的量程一般选用 $R\times100$ 或 $R\times1k$ 挡，对于 PNP 管，黑表笔接 e 极，红表笔接 c 极，对于 NPN 型三极管，黑表笔接 c 极，红表笔接 e 极。要求测得的电阻越大越好。e-c 间的阻值越大，说明管子的 I_{CEO} 越小；反之，所测阻值越小，说明被测管的 I_{CEO} 越大。一般说来，中、小功率硅管、锗材料低频管，其阻值应分别在几百千欧、几十千欧及十几千欧以上，如果阻值很小或测试时万用表指针来回晃动，则表明 I_{CEO} 很大，管子的性能不稳定。

（c）测量放大能力（β）。目前有些型号的万用表具有测量三极管 h_{FE} 的刻度线及其测试插座，可以很方便地测量三极管的放大倍数。先将万用表功能开关拨至 h_{FE} 挡，量程开关拨到 ADJ 位置，把红、黑表笔短接，调整调零旋钮，使万用表指针指示为零，然后将量程开关拨到 h_{FE} 位置，并使两短接的表笔分开，把被测三极管插入测试插座，即可从 h_{FE} 刻度线上读出管子的放大倍数。

另外：有此型号的中、小功率三极管，生产厂家直接在其管壳顶部标示出不同色点来表明管子的放大倍数 β 值，但要注意各厂家所用色标并不一定完全相同。

2．检测判别电极

（a）判定基极。用万用表 $R\times100$ 或 $R\times1k$ 挡测量三极管三个电极中每两个极之间的正、反向电阻值。当用第一根表笔接某一电极，而第二表笔先后接触另外两个电极均测得低阻值时，则第一根表笔所接的那个电极即为基极 b。这时，要注意万用表表笔的极性，如果红表笔接的是基极 b。黑表笔分别接在其他两极时，测得的阻值都较小，则可判定被测三极管为 PNP 型管；如果黑表笔接的是基极 b，红表笔分别接触其他两极时，测得的阻值较小，则被测三极管为 NPN 型管。

（b）判定集电极 c 和发射极 e。（以 PNP 为例）将万用表置于 $R\times100$ 或 $R\times1k$ 挡，红表笔接基极 b，用黑表笔分别接触另外两个管脚时，所测得的两个电阻值会是一个大一些，一个小一些。在阻值小的一次测量中，黑表笔所接管脚为集电极；在阻值较大的一次测量中，黑表笔所接管脚为发射极。

3. 判别高频管与低频管

高频管的截止频率大于 3MHz，而低频管的截止频率则小于 3MHz，一般情况下，二者是不能互换的。

4. 在路电压检测判断法

在实际应用中，小功率三极管多直接焊接在印刷电路板上，由于元件的安装密度大，拆卸比较麻烦，所以在检测时常常通过用万用表直流电压挡，去测量被测三极管各引脚的电压值，来推断其工作是否正常，进而判断其好坏。

5. 大功率晶体三极管的检测

利用万用表检测中、小功率三极管的极性、管型及性能的各种方法，对检测大功率三极管来说基本上适用。但是，由于大功率三极管的工作电流比较大，因而其 PN 结的面积也较大。PN 结较大，其反向饱和电流也必然增大。所以，若像测量中、小功率三极管极间电阻那样，使用万用表的 $R \times 1k$ 挡测量，必然测得的电阻值很小，好像极间短路一样，所以通常使用 $R \times 10$ 或 $R \times 1$ 挡检测大功率三极管。

2.5 数字电路中逻辑信号的高低电平范围

我们知道，0 和 1 是数字世界的两个基本元素，在数字电路中它们由特定范围的高低电平来表示。数字电路发展的早期，绝大多数数字器件都采用 TTL 和 CMOS 数字逻辑标准。近几年，在功耗低、体积小的便携式设备（蜂窝电话、PDA、笔记本电脑、数码相机等）和高速通信设备应用需求驱动下，产生了许多针对不同应用的低压、高速的数字逻辑标准，例如 LVTTL、LVCMOS、HSTL、SSTL、LVPECL 等。在现代数字电路设计中，往往需要在同一系统中采用许多不同逻辑标准的器件。

首先了解一下数字逻辑信号的几个重要专业术语。

一、门限电压（V_{TH}）

顾名思义，V_{TH} 为逻辑状态高或低转换的门限电压，在逻辑器件中，当信号电压高于 V_{TH} 为逻辑高，反之则为逻辑低，通常对于 CMOS 逻辑，V_{TH} 为电源电压的 1/2。

二、输出高电平（V_{OH}）和输出低电平（V_{OL}）

确切地说 V_{OH} 应该为逻辑器件输出高电平的下限，V_{OL} 为输出低电平的上限。通常在 V_{OH} 和 V_{OL} 之间有一个电压缓冲区，这样在实际电路中输出逻辑信号叠加噪声后，就不会导致对逻辑状态的错误判断。

三、输入高电平（V_{IH}）和输入低电平（V_{IL}）

V_{IH} 为输入高电平的下限，V_{IL} 为输入低电平的上限。在许多数字系统中，前一个逻辑器件的输出就是后一个逻辑器件的输入，所以必须满足 $V_{OH} > V_{IH}$、$V_{OL} < V_{IL}$，否则就会出现

逻辑状态判断错误。另外，它们之间的差值称为噪声容限，外部叠加的噪声应小于噪声容限，否则也会出现逻辑状态判断错误。

TTL、CMOS 系列是应用最广泛的数字逻辑标准，被数字逻辑器件厂商普遍采用，下面介绍其逻辑信号的高低电平范围。

TTL 电路和 CMOS 电路的输出高低电平不是一个值，而是一个范围。同样，它的输入高低电平也有一个范围，即它的输入信号允许一定的容差，称为噪声容限。

典型 CMOS 逻辑系列（HC 系列）的规格如图 2.3 所示。图 2.3 中所有参数都是由 CMOS 厂商在一定温度和输出负载范围内担保的，同时这些参数还在一定的电源电压 V_{cc} 范围内担保，典型值为 5.0±10%。TTL 信号也像 CMOS 信号那样，可以更加精确的定义 TTL 输出和输入电平，如图 2.4 所示。

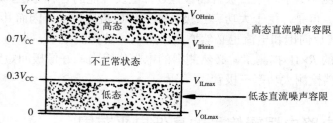

图 2.3　HC 系列 CMOS 器件的逻辑电平和噪声容限

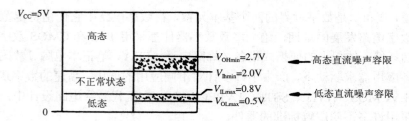

图 2.4　TTL 逻辑系列（74LS、74S、74ALS、74AS、74F）的逻辑电平和噪声容限

第三章 数字电路实验

3.1 实验一 常用数字逻辑门电路的研究及仪器使用

一、实验目的

1. 熟悉数字电路实验系统及双踪示波器的正确使用方法。
2. 熟悉 CMOS 各种常用门电路的逻辑符号及逻辑功能。
3. 测量逻辑门电路的时延参数。
4. 熟悉三态门和集电极开路门的功能和使用方法。
5. 了解"总线"结构的工作原理。

二、实验仪器与器材

1. 双踪示波器一台
2. 数字逻辑实验箱一只
3. 数字万用表一只
4. 集成芯片 CD4011、CD4001、CD4070、CD4069、74LS125、74LS03 各 1 块

三、预习要求

1. 认真复习实验所涉及到的理论知识。
2. 了解 CMOS 常用门电路 CD4011、CD4001、CD4070、CD4069、74LS125、74LS03 的功能及正确使用方法。
3. 了解三态门 74LS125 和集电极开路门 74LS03 的功能及正确使用方法。
4. 按实验任务要求，画出电路连接图，设计相应的实验步骤及各实验表格。

四、实验原理

1. CD4001（四 2 输入或非门）、CD4011（四 2 输入与非门）、CD4069（六反相器）、CD4070（四异或门）的引脚图分别如图 3.1、图 3.2、图 3.3、图 3.4 所示。

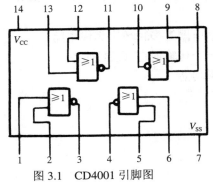

图 3.1 CD4001 引脚图

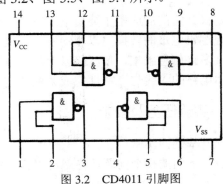

图 3.2 CD4011 引脚图

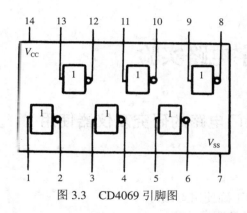

图 3.3　CD4069 引脚图

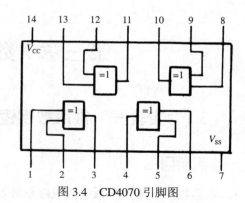

图 3.4　CD4070 引脚图

2　三态输出门（TSL 门）是一种特殊的门电路，它的输出除了具有一般的两种状态，即输出电阻较小的高、低电平状态（低阻态）外，还具有第三种输出状态——高阻状态，又称为禁止态。处于高阻状态时，电路与负载之间相当于开路。

图 3.5 为三态输出四总线缓冲器 74LS125 的引脚图，它有一个控制端（又称禁止端或使能端）$\overline{E}$，$\overline{E}=0$ 为正常工作状态，实现输出等于输入的逻辑功能；$\overline{E}=1$ 为禁止状态，输出呈现高阻状态。三态门的主要用途之一是实现总线传输，即用一根总线以选通方式传送多路信息。使用时将需要传输信息的三态控制端置为使能态（$\overline{E}=0$），其余各门均置为禁止状态（$\overline{E}=1$）。

3. 集电极开路门（OC 门）是另一种特殊的门电路，在工作时输出端必须通过外接电阻 R 和电源相连接，以保证输出电平符合电路要求。而外接电阻 R 的选择要受到一定的限制。图 3.6 为集电极开路门 74LS03 的引脚图。

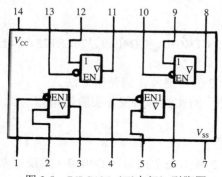

图 3.5　74LS125（三态门）引脚图

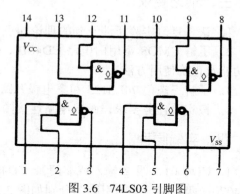

图 3.6　74LS03 引脚图

集电极开路门的应用主要有下述三个方面：

实现逻辑电平的转换，以驱动发光二极管、继电器等多种数字集成电路；

实现多路信息采集，使两路以上的信息共用一个传输通道（总线）；

利用电路的"线与"特性完成某些特定的逻辑功能。

五、实验任务及要求

（一）基础性实验

回答了下面的每个问题后你就可以开始实验了！

1．CMOS 常用门电路中与非门、或非门、异或门及反相器的功能各是什么？

实验任务：在数字逻辑实验箱上利用 CD4011（四 2 输入与非门）、CD4001（四 2 输入或非门）、CD4070（四异或门）及 CD4069（六反相器）验证其逻辑功能。

2．用双踪示波器测试两个波形的相位差时应注意什么问题？

实验任务：利用六反相器 CD4069 测量逻辑门电路的时延参数。将 CD4069 中的六个非门按图 3.7 依次串联连接，在输入端输入 250kHz 的 TTL 信号，用双踪示波器测输入、输出的相位差，计算每个门的平均传输延迟时间的 t_{pd} 的值。

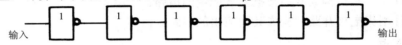

图 3.7　测量逻辑门电路的时延参数

3．三态门在实现总线传输的应用时，当一个控制端接上低电平时，其他的控制端必须接到什么电平，否则会出现什么情况？

实验任务：将 74LS125 的四个三态门的输出端接在一起，形成总线形式。如图 3.8 所示。再将四个三态门电路的输入端分别接上不同的信号，然后将四个三态门的控制端分别依次接上低电平的控制信号，用示波器观察输出端的输出波形，并绘出相应波形。

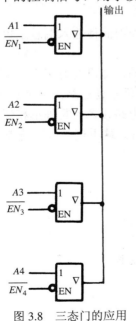

图 3.8　三态门的应用

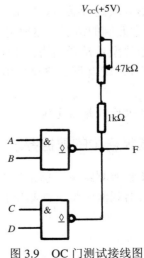

图 3.9　OC 门测试接线图

4．集电极开路门在工作时输出端能否直接和电源相连接？为什么？

实验任务：按图 3.9 接线。

（1）完成逻辑功能，当外接负载电阻 R 一定时，令输入 A、B、C、D 取不同值，将输出结果 F 的值填入记录表中，并写出输出 F 的逻辑表达式。

（2）用集电极开路门实现电平转换，调节电位器，观察集电极开路门外接负载电阻 R 的取值对输出电平（指示灯）的影响。

（二）设计性实验

1．设计任务

（1）设计用三态门构成双向数据总线应用的电路；

（2）设计用集电极开路门构成其他应用的电路。

2．设计要求

（1）根据任务要求写出设计步骤，选定器件；

（2）根据所选器件画出电路图；

（3）写出实验步骤和测试方法，设计实验记录表格；

（4）进行安装、调试及测试，排除实验过程中的故障；

（5）分析、总结实验结果。

六、实验中的常见故障及解决办法

如器件不能正常工作，可参照以下几个方面检查：

1．检查集成块的电源和地有无漏接与错接现象。

2．对于 CMOS 集成电路，对多余的输入端没有处理而使输入端悬空也会引入干扰。因此在实验中对不用的输入端一定要恰当处理。

3．检查集成块是否插错。集成电路的外形是对称的，如没有对正方向就插入底板，会造成引出脚次序颠倒的情况。这时电源脚也就接错了，常常使电路内部过热而损坏。

4．检查器件型号是否搞错。由于本实验所用集成电路较多，且外形相似，如果不仔细辨别其标记型号，就有可能将集成电路的相互位置搞错。这不仅会导致电路故障，甚至会损坏集成电路。

5．检查其余连线是否正确。

七、实验报告中的数据要求

1．整理实验所测结果，总结各电路的特点。

2．用示波器观测波形，并画出相应的输入、输出波形。

八、思考题

1．为什么异或门可用作非门，如何使用？为什么说异或门是可控反相器？

2．为什么 CMOS 集成门电路多余输入端不能悬空？

3．若三态门实现总线传输时有两个或两个以上控制端处于使能态，会出现什么情况？为什么？

4．集电极开路门外接电阻 R 的取值应如何选择？

3.2 实验二　集成触发器的研究

一、实验目的

1. 掌握基本 RS 触发器、JK 触发器、D 触发器和 T 触发器的逻辑功能。
2. 熟悉触发器逻辑功能的测试方法。
3. 熟悉各类触发器之间逻辑功能的相互转换方法。

二、实验仪器与器材

1. 双踪示波器一台
2. 数字逻辑实验箱一台
3. 元器件：74LS00、74LS74、74LS112、74LS02、74LS08、74LS86 各 1 片

三、预习要求

1. 熟悉基本 RS 触发器、JK 触发器、D 触发器、T 触发器的逻辑功能。
2. 掌握 JK 触发器、D 触发器、T 触发器转换的基本方法。
3. 按实验任务要求设计测试表格。

四、实验原理

　　一般的触发器具有两个稳定状态，用以表示逻辑状态"1"和"0"，在一定的外加信号的作用下，可以从一个稳定状态转变为另一个稳定状态，它是一个具有记忆功能的二进制信息存储器件，是构成各种时序电路的最基本逻辑单元。按逻辑功能的不同特点，触发器可分为 RS 触发器、JK 触发器、D 触发器和 T 触发器。

　　1. 基本 RS 触发器

　　基本 RS（复位-置位）触发器由两个集成电路与非门的输入端和输出端交叉耦合而成，如图 3.10 所示。

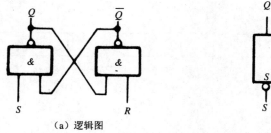

　　（a）逻辑图　　　　　　　　　　　（b）逻辑符号

图 3.10　RS 基本触发器

　　基本 RS 触发器有直接置位、复位的功能，是组成各种功能触发器的最基本单元。其功能如表 3-1 所示。

表 3-1　基本 RS 触发器功能表

$\overline{R}$	$\overline{S}$	Q^{n+1}	$\overline{Q^{n+1}}$
0	0	1	1
0	1	0	1
1	0	1	0
1	1	Q^n	$\overline{Q^n}$

* $\overline{R}$、$\overline{S}$ 同时取 0 为禁止

注意：若 R 和 S 从 00 同时变为 1，输出的状态将会不确定，触发器可能进入振荡状态或亚稳态。

2．JK 触发器

常用的 JK 触发器为集成边沿 JK 触发器。它具有置 1、置 0、保持和翻转四种功能。在 CP 脉冲有效边沿触发翻转，状态方程为 $Q^{n+1}=J\overline{Q^n}+\overline{K}Q^n$。在本实验中采用的是 74LS112，它是下降边沿触发的双 JK 触发器，其引脚图和逻辑符号如图 3.11 所示。

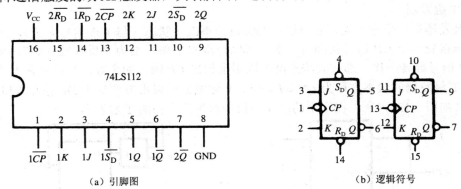

（a）引脚图　　　　　　　　　　　　　（b）逻辑符号

图 3.11　74LS112 引脚及逻辑符号

JK 触发器功能如表 3-2 所示：

表 3-2　JK 触发器功能表

输　　入			输　　出	
J	K	CP	Q^{n+1}	$\overline{Q^{n+1}}$
×	×	0	Q^n	$\overline{Q^n}$
×	×	1	Q^n	$\overline{Q^n}$
0	0	↑	Q^n	$\overline{Q^n}$
0	1	↑	0	1
1	0	↑	1	0
1	1	↑	$\overline{Q^n}$	Q^n

另外，74LS112 还有异步置位端 $\overline{S}_D$ 和 $\overline{R}_D$ 复位端，其功能如同 RS 触发器的 S 端和 R 端。

3．D 触发器

在数字计算机和其他数字系统中，经常需要利用触发器的存储功能实现数据的存储，

这就要求触发器只有一根输入线，且输出状态与输入状态一致，基于这种考虑设计制造出了 D 触发器。D 触发器的状态方程为：$Q^{n+1}=D$。本实验中采用 74LS74 上升沿触发的双 D 触发器，其引脚排列见图 3.12。

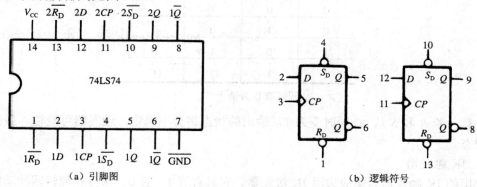

（a）引脚图 （b）逻辑符号

图 3.12　74LS74 引脚及逻辑符号

同样，74LS74 也有异步置位端 $\overline{S}_D$ 和 $\overline{R}_D$ 复位端，其功能如同 RS 触发器的 S 端和 R 端。

4. T 触发器

T 触发器有一个输入端，它可以控制触发器不改变状态（与 CP 信号无关），又可控制触发器每接受一个 CP 信号就翻转一次，所以经常称 T 触发器为"反转触发器"。又因为来一个 CF 信号翻转一次，那么其状态就可以用来记忆 CP 输入的个数，所以又称为"计数触发器"。T 触发器的状态方程为 $Q^{n+1}=T \oplus Q^n$。T 触发器可以很方便地用 JK 触发器和 D 触发器构成（如图 3.13），所以在定型的产品中很少有生产专门的 T 触发器。

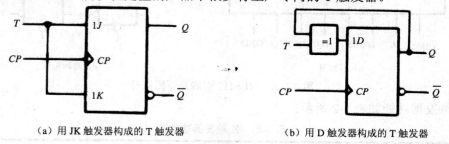

（a）用 JK 触发器构成的 T 触发器 （b）用 D 触发器构成的 T 触发器

图　3.13

T′触发器是只有计数翻转功能的触发器，它的状态方程为 $Q^{n+1}=\overline{Q^n}$。T′触发器可以很方便地曰 D 触发器和 JK 触发器构成，如图 3.14 所示。

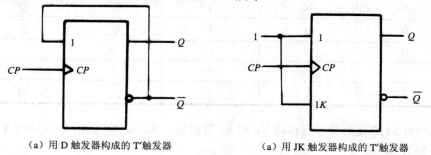

（a）用 D 触发器构成的 T′触发器 （a）用 JK 触发器构成的 T′触发器

图　3.14

5．JK 触发器和 D 触发器的转换

JK 触发器和 D 触发器通过基本门电路可以进行转换，电路如图 3.15 所示。

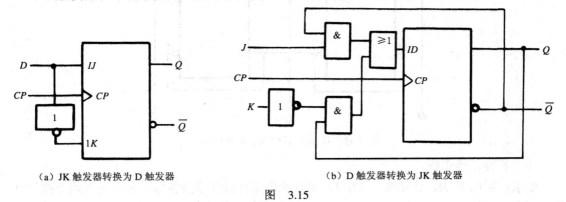

（a）JK 触发器转换为 D 触发器   （b）D 触发器转换为 JK 触发器

图　3.15

五、实验任务及要求

（一）基础性实验

在进行实验之前请先回答以下问题：

问题 1：RS 触发器、JK 触发器、D 触发器"置 1"的条件是什么？

问题 2：T 触发器和 T'触发器有什么不同？

问题 3：74LS112 和 74LS74 分别是在时钟的什么边沿有效？

实验任务：

1．各触发器基本功能测试。

2．JK 触发器和 D 触发器的转换。

利用 74LS112 及基本门构成 D 触发器，测试其功能。

利用 74LS74 及基本门构成 JK 触发器，测试其功能。

3．触发器计数功能测试。

采用 74LS112，令 J=K=1，使触发器处于计数状态。CP 为 10kHz 的 TTL 信号，用双踪示波器观察工作情况，记录 CP 与 Q 的工作波形。

采用 D 触发器构成 2-4 进制计数器。

按图 3.16 连接电路，构成 2-4 进制计数器。记录 CP 和 $Q1$、$Q2$ 的波形。其中 CP 为 10kHz TTL 信号。

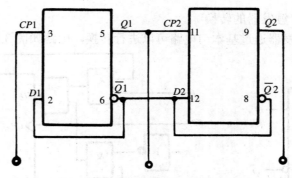

图 3.16　D 触发器构成 2-4 分频器

（二）设计性实验

要求：用四个 JK 触发器 74LS112 和其他电路构成四路抢答器。必须设置四个抢答开关，四个对应显示灯。复位时显示灯全灭，抢答时最先抢答的开关所对应的显示灯亮。

六、实验中的常见故障及解决办法

现象 1：芯片异常发烫。

解决办法：请检查芯片电源、地是否接反；电源电压是否满足要求。

现象 2：各触发器基本功能测试时不能得到理想值。

解决方法：请用逻辑测试笔或示波器检查芯片电源及各输入、输出端是否满足要求。

注意：测试时应防止芯片引脚短路。

现象 3：用 D 触发器构成 2-4 进制计数器时不能正确分频。

解决方法：请用逻辑测试笔或示波器检查芯片电源及各输入、输出端是否满足要求。特别是时钟信号是否满足 TTL 要求。

七、实验报告中的数据要求

1．整理实验所测结果，总结各触发器的特点。

2．总结触发器之间的转换方法。

八、思考题

1．在触发器计数功能测试实验中，JK 触发器的时钟 CP 频率是输出 Q 频率的多少倍？

2．触发器的时钟 CP 频率是输出 $Q1$、$Q2$ 频率的多少倍？

3.3 实验三 移位寄存器及其应用

一、实验目的

1. 掌握中规模 4 位双向移位寄存器的逻辑功能及使用方法。
2. 熟悉移位寄存器构成环形计数器和实现数据的串行-并行转换的应用。

二、实验仪器与器材

1. 数字逻辑实验箱一台
2. 示波器一台
3. 数字万用表一只
4. 集成电路 74LS194、74LS00 及相关门电路

三、预习要求

1. 掌握移位寄存器 74LS194 的功能及使用方法。
2. 掌握利用移位寄存器构成环形计数器的工作原理及方法。
3. 掌握利用移位寄存器实现数据的串行-并行转换的工作原理及使用方法。
4. 按设计任务要求，画出电路连接图，设计相应的实验步骤及实验记录表格。

四、实验原理

1. 逻辑功能

移位寄存器是具有移位功能的寄存器，寄存器中所存的代码能在移位脉冲的作用下依次左移或右移，它是一种可以用二进制形式保存数据的双稳器件，既能左移又能右移的寄存器称为双向移位寄存器。

移位寄存器存取信息的方式有：串入串出、串入并出、并入串出、并入并出四种形式。

本实验选用的是 4 位双向通用移位寄存器，型号为 74LS194。其逻辑符号及引脚排列如图 3.17 所示。其中 $D_0D_1D_2D_3$ 为并行输入端；$Q_0Q_1Q_2Q_3$ 为并行输出端；S_L 为左移串行输入端，S_R 为右移串行输入端，S_1 和 S_0 为操作模式控制端；$\overline{Cr}$ 为直接无条件清零端；CP 为时钟脉冲输入端。74LS194 有五种操作模式：并行送数，右移（由 Q_0 至 Q_3 方向）。

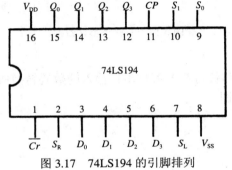

图 3.17 74LS194 的引脚排列

左移（由 Q_3 至 Q_0 方向），数据保持及无条件清零。其功能见表 3.3。

表 3-3　74LS194 功能表

功　能	输　入									输　出			
	CP	$\overline{Cr}$	S_1	S_0	S_R	S_L	D_0	D_1	D_2	D_3	Q_0	Q_1	Q_2	Q_3
清零	X	0	X	X	X	X	X	X	X	X	0	0	0	0
送数	↑	1	1	1	X	X	a	b	c	d	a	b	c	d
右移	↑	1	0	1	D_{SR}	X	X	X	X	X	D_{SR}	Q_0	Q_1	Q_2
左移	↑	1	1	0	X	D_{SL}	X	X	X	X	Q_0	Q_1	Q_2	D_{SL}
保持	X	1	0	0	X	X	X	X	X	X	$Q_0{}^n$	$Q_1{}^n$	$Q_2{}^n$	$Q_3{}^n$
保持	1	1	X	X	X	X	X	X	X	X	$Q_0{}^n$	$Q_1{}^n$	$Q_2{}^n$	$Q_3{}^n$

2. 环形计数器

将移位寄存器的输出反馈至它的串行输入端，就可以进行循环移位。例如，把移位寄存器的输出端 Q_3 和 S_R 相连，可构成右移环形计数器，如图 3.18（a）所示。设初始状态为 1000，在时钟脉冲作用下，输出 $Q_0Q_1Q_2Q_3$ 将由 1000→0100→0010→0001→……此电路也可以作为顺序脉冲发生器使用。其波形图如图 3.18（b）所示。

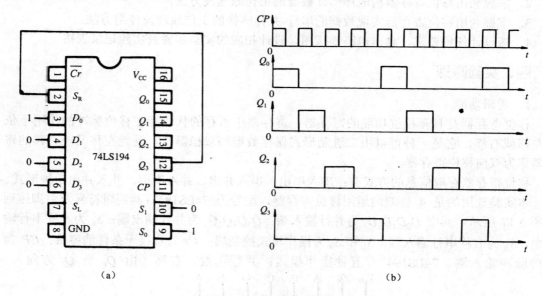

图 3.18　右移环形计数器

3. 串/并行转换器

如图 3.19 所示，利用移位寄存器可将串行输入的数码转换成并行输出。图 3.20 为 四与非门 74LS00 的引脚排列图。

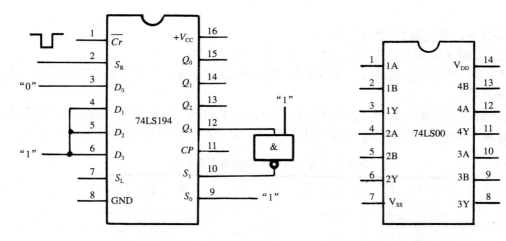

图 3.19　移位寄存器实现 3 位串并转换电路　　　图 3.20　四与非门 74LS00 引脚排列

此电路是由一片 74LS194 和一个与非门构成的三位串并转换电路，Q_3 作为转换结束标志位（低有效），先将移位寄存器清零，$Q_0Q_1Q_2Q_3$=0000；此时 S_1= "1"，S_0= "1"，第一个时钟脉冲到达后，74LS194 执行送数功能，$Q_0Q_1Q_2Q_3$=0111；其中 Q_0 中的 "0" 为标志码；在与非门作用下，S_1= "0"，S_0= "1"，第二个时钟脉冲到达后，74LS194 执行右移功能，第一个被转换的串行数据 d_0 移进 Q_0，输出 Q_0，Q_1，Q_2，Q_3=D_0, 0, 1, 1。同理，串行数据 d_1d_2 在时钟脉冲作用下依次移入寄存器，直到输出为 Q_0，Q_1，Q_2，Q_3=d_2, d_1, d_0, 0 时，$d_2d_1d_0$ 同时出现在输出端，标志码 "0" 出现在 Q_3 转换结束标志位上，则已经完成了一次串并转换，同时 S_1= "1"，等待新的转换。

五、实验任务及要求

（一）基础性实验

1. 请思考：74LS194 的清零端是同步清零还是异步清零？

实验任务：测试 74LS194 的清零、送数、左移、右移及保持功能，分析、总结其特点。

2. 请思考：设定初始状态使 $Q_0Q_1Q_2Q_3$=1000 有几种方法？

实验任务：用 74LS194 构成简单的右移环型计数器，先设定初始状态，使 $Q_0Q_1Q_2Q_3$=1000，然后依次加入 CP（单脉冲），用指示灯观察输出状态的变化，用表格记录实验结果。

将 CP 换为连续 TTL 信号，仍设定初始状态使 $Q_0Q_1Q_2Q_3$=1000，用双踪示波器分别观测 CP 和 Q_0、Q_0 和 Q_1、Q_1 和 Q_2、Q_2 和 Q_3 的波形，并画出右移环型计数器的定时时序图。

3. 请思考：若构成左移的三位数据串/并转换，还用 Q_3 做标志码吗？

实验任务：实现数据的串行-并行转换。

（1）如图 3.19 所示连接实验电路，与非门采用 74LS00。

（2）先将移位寄存器清零，然后加入 CP（单脉冲），观察寄存器输出状态变化，将结果记入表 3.4 中。

（3）输入串行输入数据。拨动逻辑开关由 S_R 端依次送入串行数码 $d_0d_1d_2$=011，依次加入 CP 脉冲，分别观察寄存器输出端状态的变化，记入表 3.4，中并分析结果。

表 3.4   3 位数据串/并转换数据输出表

SR	CP	Q_0	Q_1	Q_2	Q_3
	0				
	1				
0	2				
1	3				
1	4				
	5				
	6				
	7				
	8				
	9				

（二）设计性实验

1. 设计任务

（1）利用 74LS194 设计一个能自启动的 8 位右移钮环型计数器。

（2）用一片 74LS194 及门电路构成一个可实现 7 分频或 8 分频的分频器。

（提示：七分频器的分频信号由 Q_2 输出，同时将 Q_2、Q_3 输出通过与非门后接入 S_R 端，S_1S_0=01。八分频器的分频信号由 Q_3 取非后输出，同时将该信号送入 S_R 端，S_1S_0=01。）

（3）利用 74LS194 和门电路构成具有自启动功能的顺序脉冲发生器。

2. 设计要求

（1）根据任务要求写出设计步骤，选定器件；

（2）根据所选器件画出电路图；

（3）写出实验步骤和测试方法，设计实验记录表格；

（4）进行安装、调试及测试，排除实验过程中的故障；

（5）分析、总结实验结果。

六、实验中的常见故障及解决办法

1. 如实验中出现故障，应使用逻辑箱上的逻辑测试笔或万用表进行检测，以判断电路的电源、时钟、操作模式控制端（S_1 和 S_0）是否符合要求。

2 如环行计数器工作时数据不循环，可能是因为在环行计数器开始进行数据循环之前，没有先设置好初始数据。

3．用双踪示波器不能稳定地显示观测到的两个波形，应该检查是否选择了恰当的触发源。

4．画波形的定时时序图应注意时序的对应关系。

5．注意：在串/并转换实验中，送数操作以后提供的串行数据才是有效的串行数据。

七、实验报告中的数据要求：

1．总结 74LS194 的清零、送数、左移、右移及保持功能。

2．分别用数据输出表和时序波形图表示环形计数器的输出数据结果。

3．结合实验原理，分析串/并转换电路的实验结果。

八、思考题

1．若构成左移的 3 位串/并转换电路，应如何设计电路图？

2．试论述环形计数器所存在的优势和缺陷。

3．本实验中的环形计数器具有自启动功能吗？

3.4 实验四 同步计数器及其应用

一、实验目的

1. 熟悉同步计数器的功能及应用特点。
2. 学习使用双踪示波器测试计数器的工作波形。
3. 了解用同步计数器构成任意进制计数器的工作原理。

二、实验仪器与器材

1. 数字逻辑实验箱一台
2. 双踪示波器一台
3. 信号源一台
4. 集成电路 74LS161、74LS00、74LS138 及相关门电路

三、预习要求

1. 学习关于同步计数器的基本知识，掌握 74LS161 的功能及使用方法。
2. 掌握利用 74LS161 及门电路构成任意进制计数器的方法。
3. 按设计任务要求，画出电路连接图，设计相应的实验步骤及实验记录表格。

四、实验原理

计数器按数制的模数分为二进制、十进制和 N 进制计数器。按计数脉冲输入方式的不同又分为同步计数器和异步计数器两类。本实验选用四位二进制同步计数器 74LS161。

1. 四位二进制同步计数器 74LS161

计数器能同步预置数据，异步清零，具有清零、置数、计数和保持四种功能，并且具有进位信号输出，可串接计数使用。

其引脚排列见图 3.21，其逻辑功能见表 3.5。$\overline{Cr}$ 为清零信号，S_1、S_2 为使能信号，$\overline{LD}$ 为置数信号，四个数据输入端 A、B、C、D，四个数据输出端 Q_A、Q_B、Q_C、Q_D 以及进位输出 Q_{CC}，且 $Q_{CC}=Q_A \cdot Q_B \cdot Q_C \cdot Q_D \cdot S_2$。

表 3.5 74LS161 功能表

$\overline{Cr}$	$\overline{LD}$	S_1	S_2	CP	功能
0	X	X	X	X	清零
1	0	X	X	↑	预置
1	1	1	1	↑	计数
1	1	0	1	X	保持
1	1	X	0	X	保持 $Q_{CC}=0$

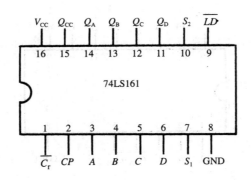

图 3.21　74LS161 引脚排列

2. 构成 N 进制计数器

利用 74LS161 的预置和清零端可以很方便地获得 N 进制计数器。

N 进制计数器是指其计数从最小数到最大数共 N 种状态。74LS161 计数可以有 0000～1111 十六种状态。

取前 N 种状态，即：$0000\text{——}(N-1)_2$。可采用预置端复位法和反馈清零法。

取后 N 种状态，即：$(16-N)_2\text{——}1111$。可采用进位输出端置最小数法。

取中间 N 种状态，即：$(A)_2\text{——}(A+N-1)_2$。可采用检测最大数置最小数法。

例如图 3.22 是用一片 74LS161 和 74LS138 构成的一种五进制计数器。该电路可构成 N 进制计数器（$N\leqslant 8$）。

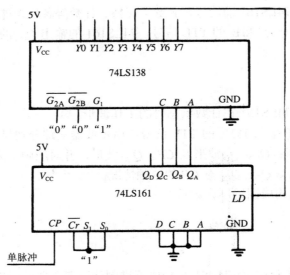

图 3.22　74LS161 及 74LS138 构成五进制计数器

74LS138 为译码器，其引脚图见图 3.23。

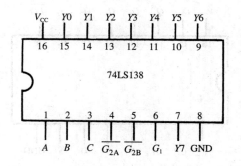

图 3.23　74LS138 引脚排列

3．分频器。计数器又称为分频器，N 进制计数器的进位输出脉冲就是计数器输入脉冲的 N 分频。N 进制计数器可直接作为 N 分频器。

五、实验任务及要求

（一）基础性实验

1．请思考：74LS161 的置数是同步预置还是异步预置？

实验任务：测试 74LS161 的清零、置数、保持、计数等各项功能，分析、总结其特点。

2．请思考：若 CP 为 1kHz 的 TTL 信号，74LS161 的输出 Q_{CC} 的脉宽是多少？

实验任务：观测 74LS161 在计数状态时的工作波形。

将 74LS161 的 CP 接入 1kHz 的 TTL 信号，用示波器双踪分别显示 CP、Q_A 波形；Q_A、Q_B 波形；Q_B、Q_C 波形；Q_C、Q_D 波形及 CP、Q_{CC} 波形，并对应画下来，比较它们的时序关系，说明 Q_A、Q_B、Q_C、Q_D、Q_{CC} 对 CP 的分频情况。

3．请思考：如何构成四进制计数器？

实验任务：用 74LS161 及 74LS138 构成五进制计数器，要求画出电路连接图，完成相应测试并用表格记录实验结果。

（二）设计性实验

1．设计任务

（1）用 74LS161 和 3-8 线译码器 74LS138 设计一个 00110101 序列的脉冲序列发生器（提示：用 74LS138 的 Y 端输出脉冲序列，先编码使 Y 端的状态与计数器的状态一一对应）。

（2）用两片 74LS161 和附加门电路构成一个 50 分频的分频器（提示：可用预置输入

数据的方法）。

（3）用两片 74LS161 和少量的门电路及显示译码器设计一个 BCD 码的两位十进制计数器。

（4）用 74LS161 和 3-8 线译码器设计一个彩灯控制电路，要求八只彩灯中只有一只灯亮，且这一亮灯循环右移。

2．设计要求

（1）根据任务要求写出设计步骤，选定器件；

（2）根据所选器件画出电路图；

（3）写出实验步骤和测试方法，设计实验记录表格；

（4）进行安装、调试及测试，排除实验过程中的故障；

（5）分析、总结实验结果。

六、实验中的常见故障及解决办法

1．若测试计数器功能时结果出错，应使用逻辑笔或万用表测试各个功能相应的输入端（如 S_1、S_2）是否设置正确。

2．若计数器对连续时钟脉冲计数时无输出，需注意时钟是否选用的是连续的 TTL 信号而不是方波，方波信号的幅度往往不满足计数脉冲的幅度要求而不能用。

3．若计数器工作正常，但按照图 3.22 电路实现的不是 5 进制而是 8 进制，可能是 74LS138 没有工作在 3-8 译码器功能上。

七、实验报告中的数据要求

1．分析总结 74LS161 的功能特点。

2．画出所测试的 74LS161 在计数状态下的时序波形图。

3．用表格说明五进制计数器的输出结果。

八、思考题

1．74LS161 有无进位输出端，它是如何实现两级计数器的级联的？

2．Q_{CC} 波形在本次实验中的脉宽为多少？Q_{CC} 是 CP 波形的几分频？

3.5 实验五 编码器与译码器

一、实验目的

1. 了解编码及译码显示的原理。
2. 掌握编码器、译码器的使用及测试方法。
3. 学会使用编码器 74LS148 及七段字形译码器组成编码-译码显示系统。
4. 利用编码器、译码器进行电路设计。

二、实验仪器与器材

1. 双踪示波器一台
2. 数字逻辑实验箱一只
3. 数字万用表一只
4. 集成电路 74LS148、74LS00、74LS138 等

三、预习要求

1. 阅读关于编码器与译码器的知识，了解 74LS148、74LS138 的功能及使用方法。
2. 掌握编码、译码显示系统的组成原理。
3. 按设计任务要求，画出电路连接图，设计相应的实验步骤及实验表格。

四、实验原理

1. 编码器

编码器是将数字系统输入的信息，如：字母、符号、二进制以外的其他数或控制信号等转换为二进制代码的电路。

编码器分为键控编码和优先编码两种。

键控编码器是机械键盘常用的编码器，每当按下一个按键，在编码器的输出端就会出现对应的二进制代码。但如在某一时刻同时按下两个或两个以上的按键，输出的状态将会发生紊乱。

优先编码器是指当两个或两个以上的输入端发出输入请求时，只对其中优先级别最高者进行编码的编码器。本实验所采用的是优先编码器 74LS148。其引脚如图 3.24 所示。其功能表见表 3.6。

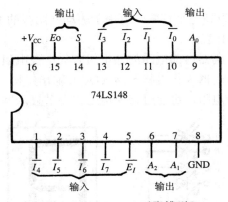

图 3.24   74LS148 引脚排列

表 3.6   74LS148 功能表

输　　　入									输　　　出				
$\overline{E_I}$	$\overline{I_0}$	$\overline{I_1}$	$\overline{I_2}$	$\overline{I_3}$	$\overline{I_4}$	$\overline{I_5}$	$\overline{I_6}$	$\overline{I_7}$	A_2	A_1	A_0	S	E_0
1	X	X	X	X	X	X	X	X	1	1	1	1	1
0	1	1	1	1	1	1	1	1	1	1	1	1	0
0	0	1	1	1	1	1	1	1	1	1	1	0	1
0	X	0	1	1	1	1	1	1	1	1	0	0	1
0	X	X	0	1	1	1	1	1	1	0	1	0	1
0	X	X	X	0	1	1	1	1	1	0	0	0	1
0	X	X	X	X	0	1	1	1	0	1	1	0	1
0	X	X	X	X	X	0	1	1	0	1	0	0	1
0	X	X	X	X	X	X	0	1	0	0	1	0	1
0	X	X	X	X	X	X	X	0	0	0	0	0	1

2. 译码器

译码器是将二进制代码转换成为对应信息的器件。它的输入必须为二进制代码，其输出有两种情况，或是特定的控制信号，或是另一种类型的代码。

译码器分为代码变换译码器、显示译码器和变量译码器三种。

本实验中所用的是显示译码器，它主要用于驱动各种显示器件。这里我们采用的是 LED 七段显示器。

LED 七段显示器分为共阴极和共阳极两种。它们所需要的显示译码器各不相同。

七段显示码被送到七段显示器显示。七段显示器是电信号转换成为光信号的固体显示器件，其工作电流一般为七段 10~15mA，显示分共阴极（如 BS201/202）和共阳极（如 BS211/212）两种形式，它们的外形结构和二极管连接方式分别如图 3.25 和图 3.26 所示。从图 3.25 和图 3.26 中可以看出，对于共阳极的显示器，当输入低电平时发光二极管发光；对于共阴极的显示器，当输入高电平时发光二极管发光。与之相应，译码器的输出也分低电平有效和高电平有效两种。如 74LS46、74LS47 为低电平有效，可用于驱动共阳极的 LED

显示器；74LS48、74LS49 为高电平有效，可用于驱动共阴极的 LED 显示器。有的 LED 显示器带有小数点，一般用 DP 表示。

值得注意的是，有的译码器内部电路的输出级有集电极电阻，如 74LS48，它在使用时可直接接显示器。而有的译码器为集电极开路（OC）输出结构，如 74LS47 和 74LS49，它们在工作时必须外接集电极电阻，可通过调整电阻来调节显示器的亮度。

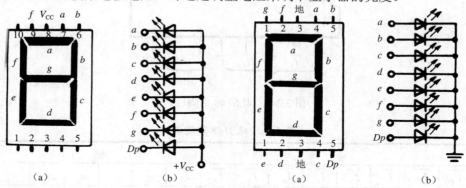

图 3.25　共阳极式 LED 显示器　　　　　图 3.26　共阴极式 LED 显示器

为便于应用，下面给出了 74LS49 的功能表（如表 3.7 所示）。74LS49 引脚图如图 3.27 所示。

表 3.7　74LS49 的功能表

功能或数字	输入					输出							显示值
	D	C	B	A	BI	a	b	c	d	e	f	g	
灭灯	×	×	×	×	0	0	0	0	0	0	0	0	
0	0	0	0	0	1	1	1	1	1	1	1	0	0
1	0	0	0	1	1	0	1	1	0	0	0	0	1
2	0	0	1	0	1	1	1	0	1	1	0	1	2
3	0	0	1	1	1	1	1	1	1	0	0	1	3
4	0	1	0	0	1	0	1	1	0	0	1	1	4
5	0	1	0	1	1	1	0	1	1	0	1	1	5
6	0	1	1	0	1	0	0	1	1	1	1	1	6
7	0	1	1	1	1	1	1	1	0	0	0	0	7
8	1	0	0	0	1	1	1	1	1	1	1	1	8
9	1	0	0	1	1	1	1	1	0	0	1	1	9
10	1	0	1	0	1	0	0	0	1	1	0	1	伪码
11	1	0	1	1	1	0	0	1	1	0	0	1	伪码
12	1	1	0	0	1	1	1	0	0	0	1	1	伪码

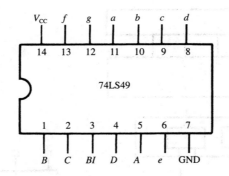

图 3.27　74LS49 引脚排列

五、实验任务及要求

（一）基础性实验

1. 请思考：如何将与非门作为非门使用？

实验任务：利用所给器件，实现图 3.28 所示的编码-译码显示系统（对有些数字逻辑箱有可编程逻辑器件，其功能与 74LS49 相同，故可用它替代 74LS49；有些逻辑箱显示译码器用的是 CD4511，是一种 BCD 码译码器）。

2. 请思考：若让 74LS148 按照优先编码器工作，输入使能端应接什么电平？

实验任务：按表 3.8 中所给不同输入组合情况，观测编码器的编码输出，并将其直接接译码器的译码显示输出及取反后接译码器的译码显示输出的结果填入表 3.8 中（取反可利用与非门 74LS00，引脚图见图 3.29）。

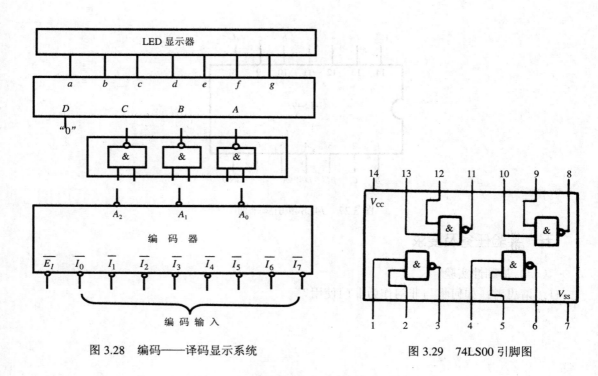

图 3.28 编码——译码显示系统   图 3.29 74LS00 引脚图

表 3.8 编码输出与译码输出实验结果

编码输入								编码输出			译码输出	
$\overline{I_0}$	$\overline{I_1}$	$\overline{I_2}$	$\overline{I_3}$	$\overline{I_4}$	$\overline{I_5}$	$\overline{I_6}$	$\overline{I_7}$	A_2	A_1	A_0	直接译码显示	取反后译码显示
1	1	1	1	1	1	1	1					
0	0	0	0	0	0	0	0					
0	1	0	0	1	0	0	1					
1	0	1	0	1	0	1	1					
0	0	1	0	0	1	1	1					
1	0	1	0	1	0	1	1					
1	0	0	1	1	1	1	1					
0	0	1	1	1	1	1	1					
0	1	1	1	1	1	1	1					

（二）设计性实验

1．设计任务

（1）设计一个将四位二进制数码转换成两位 8421BCD 码，并用两个七段数码管显示这两位 BCD 码的电路。

（2）设计一个显示电路，用七段译码显示器显示 A、B、C、D、E、F、G、H 八个英语字母（提示：可先用 3 位二进制数对这些字母进行编码，然后进行译码显示）。

（3）用 3-8 线译码器 74LS138 和最少的门电路设计一个奇偶校验电路，要求当输入的 4 个变量中有偶数个 1 时输出 1，否则为 0。

（4）用 3-8 线译码器 74LS138 设计一个时钟脉冲分配器。

2．设计要求

（1）根据任务要求写出设计步骤，选定器件；

（2）根据所选器件画出电路图；

（3）写出实验步骤和测试方法，设计实验记录表格；

（4）进行安装、调试及测试，排除实验过程中的故障；

（5）分析、总结实验结果。

六、实验中的常见故障及解决办法

1．应注意所有的集成电路芯片都应接电源和地，否则不工作。

2．应该显示"0"，而实际显示的是"8"，可能是显示译码器的高位输入端"D"或"Da8"没有接地。

3．若优先编码器的输出始终为"111"，则可能是优先编码器 74LS148 的输入使能端没有设置为低电平。

七、实验报告中的数据要求

1．将实验结果以表格形式表示，并分析输入、输出数据。

2．讨论并说明编码输入与输出的关系及优先级别关系。

3．讨论并说明实验任务 2 中在两种译码输出方式下，显示数字和编码输入的关系。

八、思考题

1．如果显示译码器内部输出级没有集电极电阻，它应如何与 LED 显示器连接？

2．可否用将 LED 数码管各段输入端接高电平的方法来检查该数码管的好坏？为什么？

3．如何用 74LS49（74LS48）去驱动共阳极 LED 数码管？

3.6 实验六 数据选择器与数据分配器

一、实验目的

1. 了解数据选择器与数据分配器的工作原理。
2. 熟悉数据选择器和数据分配器的应用。
3. 学习用数据选择器和数据分配器构成八路数据传输系统的方法。
4. 利用数据选择器和数据分配器进行电路设计。

二、实验仪器与器材

1. 数字逻辑实验箱一只
2. 双踪示波器一台
3. 数字万用表一只
4. 集成电路 74LS151、74LS138、74LS04、74LS32 等

三、预习要求

1. 阅读关于数据选择器与数据分配器的知识,了解 74LS151 及 74LS138 的功能及使用方法。
2. 掌握数据传输系统的组成原理。
3. 掌握数据选择器的扩展方法及用数据选择器实现逻辑函数的方法。
4. 按设计任务要求,画出电路连接图,设计相应的实验步骤及实验表格。

四、实验原理

1. 数据选择器

数据选择器又叫做多路选择器或多路开关,它的主要功能是从多路输入数据中选择一路作为输出,选择哪一路由当时的控制信号决定。

数据选择器具有多种形式,有传送一组一位数码的一位数据选择器,也有传送一组多位数码的多位数据选择器。本实验选用的是八选一数据选择器 74LS151。其引脚排列见图 3.30,功能表见表 3.9。

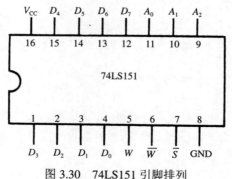

图 3.30 74LS151 引脚排列

数据选择器由三部分组成，即：数据选择控制（或称为地址输入）电路、数据输入电路和数据输出电路。

2. 数据分配器。

数据分配器的功能是将唯一源的信息，传送给多个目标中的一个，选中那一路，由地址决定。

通常我们将具有使能端的变量译码器用作数据分配器。例：本实验中所用的 74LS138，其引脚排列见图 3.31，功能表见表 3.10。

作为变量译码器用时，C、B、A 为输入端，$Y0 \sim Y7$ 为输出端，G_1 和 $\overline{G_{2A}}$、$\overline{G_{2B}}$ 为使能控制端。当 74LS138 作为数据分配器时，$\overline{G_{2A}}$ 为数据输入端，C、B、A 为地址输入端，G_1 和 $\overline{G_{2B}}$ 为使能控制端。

表 3.9 74LS151 功能表

输	入			输	出
$A1$	$A2$	$A3$	$\overline{S}$	W	$\overline{W}$
X	X	X	1	0	1
0	0	0	0	D0	$\overline{D0}$
0	0	1	0	D1	$\overline{D1}$
0	1	0	0	D2	$\overline{D2}$
0	1	1	0	D3	$\overline{D3}$
1	0	0	0	D4	$\overline{D4}$
1	0	1	0	D5	$\overline{D5}$
1	1	0	0	D6	$\overline{D6}$
1	1	1	0	D7	$\overline{D7}$

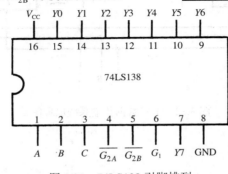

图 3.31 74LS138 引脚排列

表 3.10 74LS138 功能表

输	入				输			出				
使能		选择										
G_1	G_2	C	B	A	Y_0	Y_1	Y_2	Y_3	Y_4	Y_5	Y_6	Y_7
X	1	X	X	X	1	1	1	1	1	1	1	1
0	X	X	X	X	1	1	1	1	1	1	1	1
1	0	0	0	0	0	1	1	1	1	1	1	1
1	0	0	0	1	1	0	1	1	1	1	1	1
1	0	0	1	0	1	1	0	1	1	1	1	1
1	0	0	1	1	1	1	1	0	1	1	1	1
1	0	1	0	0	1	1	1	1	0	1	1	1
1	0	1	0	1	1	1	1	1	1	0	1	1
1	0	1	1	0	1	1	1	1	1	1	0	1
1	0	1	1	1	1	1	1	1	1	1	1	0

表中 $G_2 = \overline{G_{2A}} + \overline{G_{2B}}$

3. 数据选择器经常和数据分配器一起构成数据传输系统，如图 3.32 所示。其主要特点是两地之间用很少的几根线实现多路数据的传送。74LS151 将并行的 8 路数据变为串行数据发送到单传输线上，通过地址同步，接收端再通过 74LS138 将串行的数据变为并行数据分送到 8 个输出通道，实现了地址为 000 时，将 D_0 的数据传至 Y_0，当地址为 111 时，将 D_7 的数据传至 Y_7。此种传输系统节省了传输线是以牺牲传送速度为代价的，主要用于长距离传送或对传输线数量有限制以及对数据传输速度要求不高的情况。

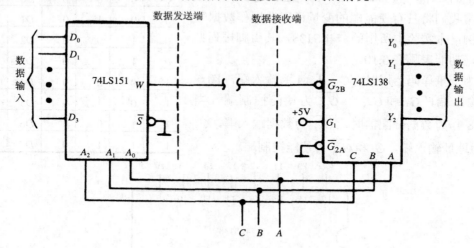

图 3.32　多路数据传输系统原理图

五、实验任务及要求

（一）基础性实验

1. 请思考：74LS151 的输出端 W 一直输出为低电平是什么原因？74LS138 的输出端全都为高电平是什么原因？

实验任务：用数字逻辑实验箱对 74LS151 及 74LS138 进行基本功能测试。

2. 请思考：当逻辑开关输出地址为 100 时，74LS138 的输出端 $Y4$ 会输出什么信号？$Y5$ 又会输出什么信号？

实验任务：研究八路数据传输系统的功能。

实验电路图参见图 3.32。将高电平、低电平以及低频 TTL 脉冲信号分别接到 74LS151 的 $D_0 \sim D_7$ 端，将地址输入 CBA 接逻辑开关。当 CBA 由 000 到 111 变化时，对应一组地址，用示波器依次观察 74LS138 的输出 $Y_0 \sim Y_7$ 的波形，列表记录测试结果，得出相应结论。观察示波器上的输出高电平、低电平以及 TTL 信号，分别画出其波形图。

（二）设计性实验

1．设计任务：

（1）利用 74LS151 的选通功能，用一只数码管分别显示四位十进制数的个位、十位、百位和千位。

（2）用数据选择器 74LS151 及译码器 74LS138 组成一个三位并行数码比较器，用以比较两个数码的大小。

（3）利用 74SL151 实现一个设计好的逻辑函数。

2．设计要求：

（1）根据任务要求写出设计步骤，选定器件；

（2）根据所选器件画出电路图；

（3）写出实验步骤和测试方法，设计实验记录表格；

（4）进行安装、调试及测试，排除实验过程中的故障；

（5）分析、总结实验结果。

六、实验中的常见故障及解决办法

1．按照图 3.32 所示实验原理，当地址为 001 时，输出端 Y_0 应输出 D_0 的信号，若不是这样，可能是因为 74LS151 及 74LS138 的地址端没有同步，应仔细检查连接是否正确。

2．按照图 3.32 所示实验原理，当地址为 001 时，输出端 Y_0 应输出 D_0 的信号，若排除了地址端没有同步的问题，应先检查 74LS151 的输出端是否输出 D_0 的信号，以判断 74LS151 是否工作正常，如 74LS151 工作正常，再检查 74LS138 是否工作正常（注意使能端的接法是否正确）。

3．针对出现故障的部分检查输入、地址、输出。（一级一级检查到集成块引脚，注意不要造成引脚短路。）

七、实验报告中的数据要求

1．将实验结果以表格形式列出，并画出输出波形。

2．分析数据结果，得出实验结论。

八、思考题

1．数据选择器、数据分配器还有何其他作用？

2．在八路数据传输系统中，如要将输入数据最后以反码形式输出，电路应如何连接？

3．如果实验室中没有 74LS151，只有双四选一数据选择器 74LS153，能否实现八路数据的传输？试画出电路连接图。

3.7 实验七 触发器实现波形整形及脉冲延时的研究

一、实验目的

1. 掌握使用集成门电路构成施密特触发器和单稳态触发器的基本方法。
2. 掌握集成施密特触发器在波形整形电路中的作用。
3. 掌握集成单稳触发器在脉冲延时电路中的作用。

二、实验仪器与器材

1. 双踪示波器一台
2. 信号源一只
3. 数字逻辑实验箱一只
4. 数字万用表
5. 触发器应用实验底板一块

三、预习要求

1. 复习有关施密特触发器和单稳触发器的知识。
2. 按设计任务要求，设计相应的实验步骤及实验表格。

四、实验原理

1. 施密特触发器

施密特触发器具有幅值比较功能并且输出波形边沿陡峭，所以常用于脉冲幅度鉴别、脉冲整形和脉冲变换等。施密特触发器不同于前述的各类触发器，它具有以下特点：

（1）施密特触发器属于电平触发，对于缓慢变化的信号仍然适用，当输入信号达到某一定电压值时，输出电压会发生突变。

（2）输入信号增加和减少时，电路有不同的阈值电压，它具有如图 3.33 所示的传输特性。

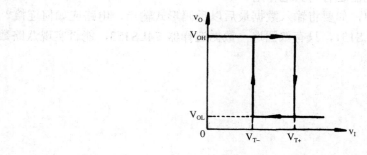

图 3.33 施密特触发器传输特性

① CMOS 门电路组成的施密特触发器

图 3.34 电路中，CMOS 反相器可用 CD4069，其引脚图如图 3.35 所示。

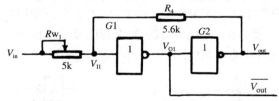

图 3.34　CMOS 反相器组成的施密特触发器

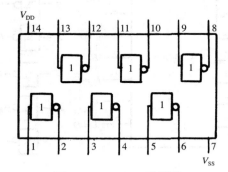

图 3.35　CD4069 引脚图

CMOS 反相器的阈值电压 $V_{TH} \approx V_{DD}/2$，$R_{W1} < R_4$，如输入信号 V_{in} 为三角波，电路的参数如下：施密特触发器在输入信号正向增加时的阈值电压，称为正向阈值电压，用 V_{T+} 表示。

$$V_{T+} \approx (1 + \frac{R_{W1}}{R_4})V_{TH}$$

施密特触发器在输入信号减小时的阈值电压，称为负向阈值电压，用 V_{T-} 表示。

$$V_{T-} \approx (1 - \frac{R_{W1}}{R_4})V_{TH}$$

得回差电压为　　$\Delta V_T = V_{T+} - V_{T-} \approx 2(R_{W1}/R_4)V_{TH}$

实验中：　　　　V_{T+} 为 2.5V～4.775V

　　　　　　　　V_{T-} 为 0.267V～2.5V

上式表明，回差电压的大小可以通过改变 R_{W1}、R_4 的比值来调节。电路工作波形及传输特性如图 3.36 所示。

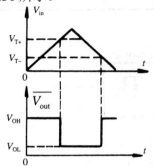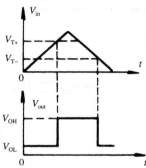

图 3.36　施密特触发器的输入输出波形

②集成施密特触发器

具有施密特整形功能的集成芯片有施密特非门（如 HC/HCT14、CD40106、LS14 等）、施密特与非门（如 HC/HCT132、CC4093、LS13、LS132 等）和触发器（如 SN74276）等。

下面介绍 CD40106。图 3.37 为 CD40106 的引脚图及功能框图。表 3.11 为 CD40106 阈值数值。图 3.38 为 CD40106 的测试电路图。

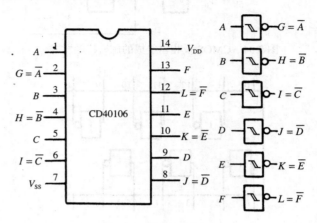

图 3.37　CD40106 的引脚图及功能框

表 3.11　CD40106 阈值数值

参数名称	V_{DD}/V	最小值/ V	最大值/ V	典型值
V_{T+} 上限阈值电压	5	2.2	3.6	2.9
	10	4.6	7.1	5.9
	15	6.8	10.8	8.8
V_{T-} 下限阈值电压	5	0.9	2.8	1.9
	10	2.5	5.2	3.9
	15	4	7.4	5.8
$\triangle V_T$ 滞回电压	5	0.3	1.6	0.9
	10	1.2	3.4	2.3
	15	1.6	5.0	3.5

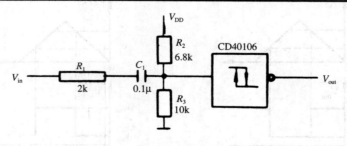

图 3.38　CD40106 测试电路

电源 V_{DD}=5V 时，V_{T+}为 2.2～3.6V，典型值为 2.9V；V_{T-}为 0.9～2.8V，典型值为 1.9V。

本实验中：$V'=(10k/16.8k) \times 5V \approx 3$ V。

输入信号叠加在 3V 直流电平上，如图 3.39 所示。

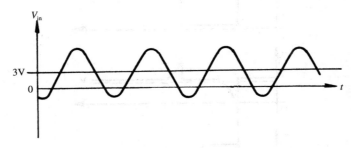

图 3.39 输入信号波形图

2．单稳态触发器

单稳态触发器是广泛应用于脉冲整形、延时和定时的常用电路。单稳态触发器只有一个稳定的状态。这个稳定状态要么是 0，要么是 1。单稳态触发器的工作特点是：

（1）在没有受到外界触发脉冲作用的情况下，单稳态触发器保持在稳态；

（2）在受到外界触发脉冲作用的情况下，单稳态触发器翻转，进入"暂稳态"。假设稳态为 0，则暂稳态为 1。

（3）经过一段时间，单稳态触发器会自动从暂稳态返回稳态。单稳态触发器在暂稳态停留的时间仅仅取决于电路本身的参数。

①用与非门组成的单稳态触发器。利用与非门做开关，依靠定时元件 RC 的充放电来控制与非门的开启和关闭。单稳态电路有微分型和积分型两大类，这两大类触发器对触发脉冲的极性与宽度有不同的要求。

a．微分型单稳态触发器。如图 3.40 所示，负脉冲触发，R_5 和 C_2 构成输入微分电路；R_6、R_{w2}、C_3 构成微分定时电路。

输出脉宽 $t_w \approx (0.7 \sim 1.3)RC_3$。其工作波形图如图 3.41 所示。图 3.41 中与非门可用 74XX00。引脚图如图 3.42 所示。

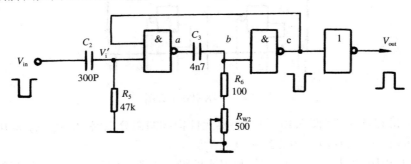

图 3.40 微分型单稳态触发器

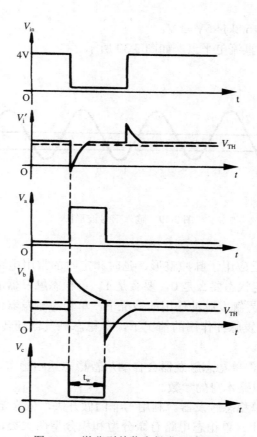

图 3.41　微分型单稳态触发器波形图

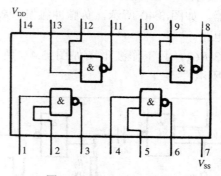

图 3.42　74XX00 引脚图

微分型单稳态触发器（图 3.40）包含阻容元件构成的微分电路。$R=R_6+R_{W2}=(100\sim600)\Omega$；$C_2=4\,700P$；$t_w=(0.7\sim1.3)R\cdot C_3=(0.32\sim3.6)\times10^{-6}s$。

电容 C_2 和电阻 R_5 构成一个时间常数很小的微分电路，它能将较宽的矩形触发脉冲 V_{in} 变成较窄的尖触发脉冲 V_i'。

b. 积分型单稳触发器。电路如图 3.43 所示。采用正脉冲触发。其工作波形图见图 3.44。$t_w=1.1RC_4$；$R=R_7+R_{W3}=(100\sim600)\Omega$；$C_4=4\,700P$。

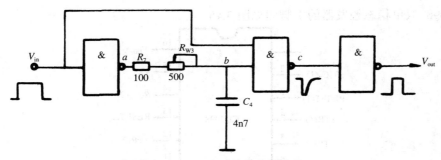

图 3.43　积分型单稳态触发器

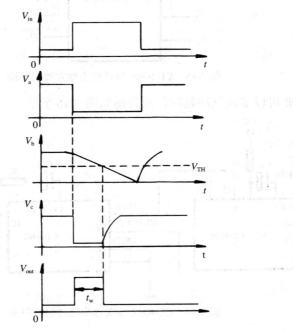

图 3.44　积分型单稳态触发器工作波形图

②集成单稳态触发器。

集成单稳态触发器有两种类型：可重触发的和不可重触发的。这里介绍不可重复触发的集成单稳触发器 CD4098。CD4098 构成脉冲延时电路；单稳态触发器的延时作用常被应用于时序控制。表 3.12 为 CD4098 双单稳触发器的逻辑功能。

表 3.12　CD4098 双单稳态触发器逻辑功能

输入			输出		
+TR	−TR	RESET	Q	$\overline{Q}$	
↑	1	1	⊓	⊔	上升沿连续触发
↑	0	1	Q	$\overline{Q}$	触发沿无效
1	↓	1	Q	$\overline{Q}$	触发沿无效
0	↓	1	⊓	⊔	下降沿连续触发
×	×	0	0	1	复位为初态

CD4098 双单稳态触发器的引脚图见图 3.45。

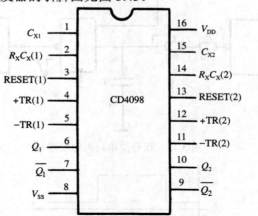

图 3.45　CD4098 双单稳态触发器引脚图

应用 CD4098 可以实现脉冲延时，原理图如图 3.46 所示。

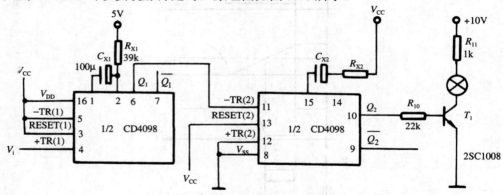

图 3.46　CD4098 实现脉冲延时的原理图

$t_{W1}=C_{X1}\times R_{X1}$，$t_{W1}$ 决定从触发信号（V_i）有效到灯亮的时间。

$t_{W2}=C_{X2}\times R_{X2}$，$t_{W2}$ 决定灯持续亮多久。

其工作过程如图 3.47 所示。

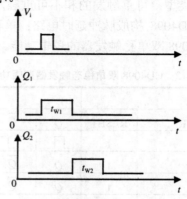

图 3.47　延时灯的工作过程

五、实验任务及要求

（一）基础性实验

1．请思考：图 3.34 所示电路中的施密特触发器的阈值可调吗?请写出 V_{T+} 以及 V_{T-} 的变化范围。

实验任务：利用所给器件，实现图 3.34 所示 CMOS 门电路组成的施密特触发器。输入端接 2kHz、$V_{PP}=10V$（带载实测）的三角波信号，改变 R_{W1} 的值，用双踪示波器观测两组 V_i 和 V_{out} 的波形变化情况，画出输入、输出并标出 V_{T+} 及 V_{T-}。讨论并说明 R_{W1} 的改变与输出变化的关系。

2．请思考：输入信号的幅度若小于 0.1V，则无输出，为什么?

实验任务：用 CD40106 实现图 3.38 所示集成施密特触发器整形电路。输入端 V_{in} 接 2kHz 的正弦波，按表 3.13 中所给不同幅度的输入情况，观测输出 V_{out}，并将输出的结果填入表 3.13 中。讨论并说明输入信号幅度的改变与输出变化的关系，并画出输入为 6V 时的输入、输出波形。

表 3.13　集成施密特触发器实验电路测试表

输入信号幅度（V_{PP}）（带载实测）	1.6	4.0	4.8	5.6	6	6.4
输出信号幅度（V_{PP}）						

3．请思考：为什么微分型单稳态触发器的 V_i' 端波形会有尖峰?

实验任务：用与非门构成图 3.40 所示的微分型单稳态触发器，输入 V_{in} 接 20kHz TTL 信号，改变 R_{W2}，用双踪示波器观测 V_{in} 和 V_i'，V_a，V_b，V_c，V_{out} 的波形变化情况。

4．请思考：图 3.43 所示的积分型单稳态触发器的输出脉宽范围是多少?

实验任务：用与非门构成图 3.43 所示的积分型单稳态触发器，输入 V_{in} 接 20kHz TTL 信号，改变 R_{W3}，用双踪示波器观测 V_{in} 和 V_a，V_b，V_c，V_{out} 的波形变化情况。

（二）设计性实验

1. 设计任务

（1）通过分析 CD4098 组成的延时电路设计一个延时灯电路，可通过触摸按钮打开指示灯，延时一定时间后使指示灯灭并且延时时间在 10 秒内连续可调。

2. 设计要求

（1）根据任务要求写出设计步骤，选定器件；

（2）根据所选器件画出电路图；

（3）写出实验步骤和测试方法，设计实验记录表格；

（4）进行安装、调试及测试，排除实验过程中的故障；

（5）分析、总结实验结果。

六、实验中常见的故障及解决办法

1. 用双踪示波器观测施密特触发器阈值电压时，使两个波形的地线重合可以便于观测数据。

2. 如图 3.38 所示电路中，加在交流输入信号上的直流信号将会影响输出结果。

3. 实验中出现无实验结果时，应先检查电源是否连接正确，再检查电路连接是否正确。

4. 图 3.38 所示电路的输入信号要合适，太小无输出，太大输出波形将会失真。

七、实验报告中的数据要求

1. 用示波器双踪测试输入输出波形，并画出波形图。

2. 根据实验结果分析各个电路的工作原理。

3. 讨论延时灯实验的改进方法。

八、思考题

1. 施密特触发器的阈值电平都是固定的吗？

2. 若要使实验中的积分型单稳态触发器能正常工作，对输入脉冲有何要求？

3. 实验中 CD4098 集成单稳态触发器组成图 3.46 所示的延时电路中，若要使输出脉冲宽度为 3ms，R_{X2} 应为多少？

附：实验底板电路图和实验底板实物图，见图 3.47，图 3.48。

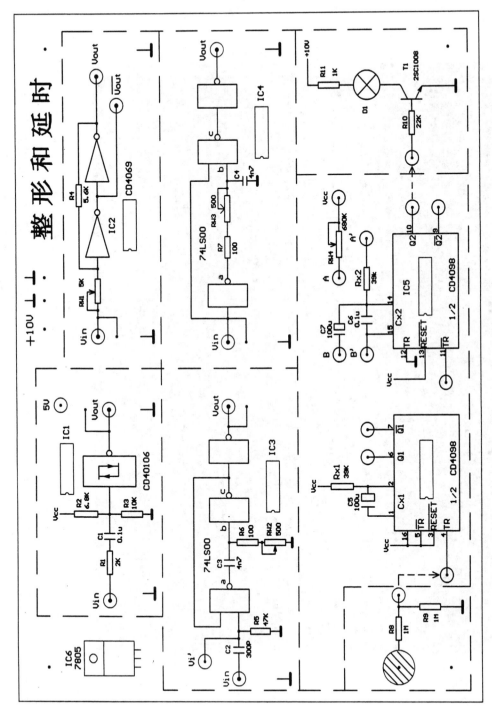

图 3.47 实验底板电路图

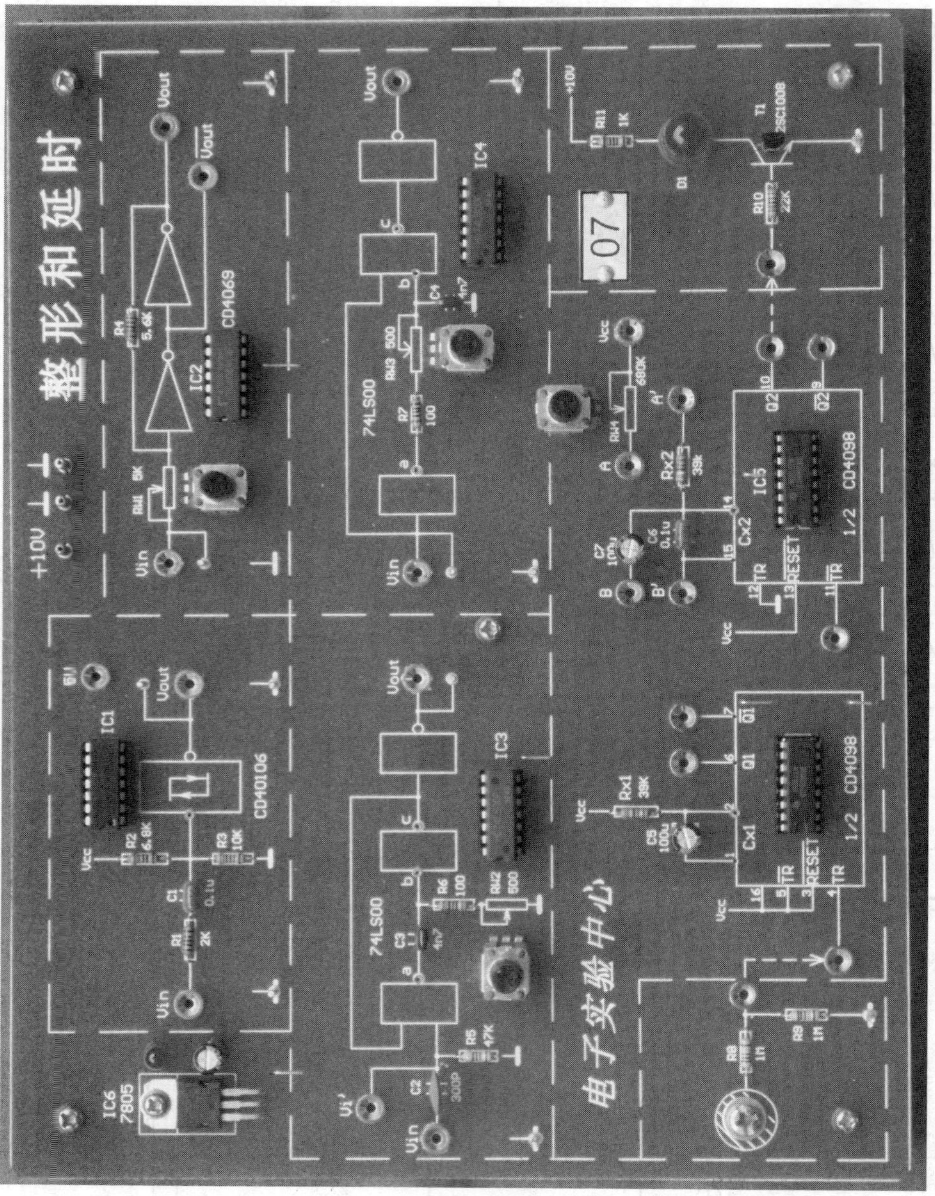

图 3.48 实验底板实物图

3.8 实验八 555集成定时器的应用

一、实验目的

1. 掌握555定时器的工作原理，熟悉555时基电路逻辑功能的测试方法。
2. 掌握用555定时器构成单稳态触发器、多谐振荡器、施密特触发器的原理和方法。
3. 了解定时器555的实际应用。

二、实验仪器与器材

1. 数字逻辑实验箱1台
2. 低频信号源1台
2. 万用表1只
3. 双踪示波器1台
4. 元器件：NE555、CC4017各1块
5.《555的应用》实验底板1块、喇叭1个、导线若干

三、预习要求

1. 学习教材中有关555集成定时器的内容，掌握集成定时器的组成及工作原理。熟悉555定时器各引脚及其功能。

2. 掌握555定时器的基本应用电路的工作原理。阅读教材中有关单稳态触发器、多谐振荡器、施密特触发器的内容。

3. 按实验任务要求，画出单稳态触发器、多谐振荡器、施密特触发器的电路连接图，拟定相应的实验步骤及各实验表格，估算实验结果。

4. 了解555定时器的实际应用电路。

四、实验原理

555定时器是一种模拟电路和数字电路相结合的中规模集成器件，其产品有双极型和CMOS型两类。按集成电路内部定时器的个数又可分为单定时器和双定时器；双极型单定时器电路的型号为555，双定时器电路的型号为556，其电源电压的范围为5~18V。CMOS单定时器电路的型号为7555，双定时器电路的型号为7556，将四个定时器电路集成在一个芯片上的四定时器电路的型号为7558，其电源电压的范围为2~18V。CMOS型定时器的最大负载电流要比双极型的小，两种类型的定时器管脚号及其功能均一致。

（一）555定时器的电路结构及其功能

图3.49（a）是555定时器内部电路结构框图，图3.49（a）中1~8是引脚号。图3.49（b）为555定时器外引脚图。555定时器含有两个电压比较器、一个基本RS触发器、一个放电三极管、1个反相器以及由3个电阻组成的分压器。组成分压器的三个电阻的阻值

均为 5 kΩ，"555" 由此得名。比较器 A_1 的参考电压为 $\frac{2}{3}V_{cc}$，加在同相输入端，比较器 A_2 的参考电压为 $\frac{1}{3}V_{cc}$，加在反相输入端。比较器 A_1、A_2 的输出端分别接基本 RS 触发器的输入端 $\overline{R}$、$\overline{S}$，基本 RS 触发器的输出即为 555 定时器的输出。反相器 G_3 的作用是提高负载能力，并隔离负载对 555 定时器的影响。

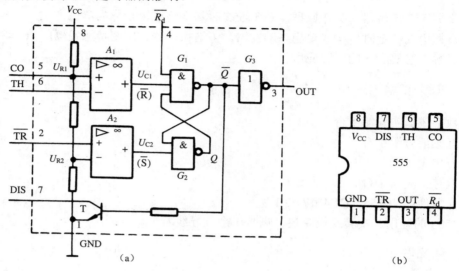

图 3.49　555 逻辑电路图和引脚图

各引脚功能如下：

引脚 6（TH）为高触发输入端，由此输入触发脉冲时，为高电平触发。在管脚 5 不外加电压的情况下，当输入电压低于 $\frac{2}{3}V_{cc}$ 时，比较器 A_1 输出 1；当输入电压高于 $\frac{2}{3}V_{cc}$ 时，比较器 A_1 输出 0，使 RS 触发器置 0。555 定时器输出为 0。

引脚 2 为低触发输入端，由此输入触发脉冲时，为低电平触发。在管脚 5 不外加电压的情况下，当输入电压高于 $\frac{1}{3}V_{cc}$ 时，比较器 A_2 输出 1；当输入电压低于 $\frac{1}{3}V_{cc}$ 时，比较器 A_2 输出 0，使 RS 触发器置 1。555 定时器输出为 1。

引脚 3 为输出端，输出电流一般为 50mA，最大可达 200mA，可直接驱动小型继电器、发光二极管、指示灯、扬声器等。输出高电压约低于电源电压 1~3V。

引脚 4 为直接复位端，低电平有效，通常情况下，应为高电平。

引脚 5 为电压控制端，若在该端外加一个电压，就可改变比较器的参考电压，高、低触发端的触发电压也随之改变。此端不用时，一般经 0.01μF 的电容接地，以提高比较器参考电压 U_{R1} 和 U_{R2} 的稳定性。

引脚 7 为放电端，当 555 定时器输出为 1，即 RS 触发器的输出 $Q=1$，$\overline{Q}=0$ 时，三极管 T 截止；定时器输出为 0，即 $Q=0$，$\overline{Q}=1$ 时，三极管 T 导通，外接电容即可通过三极管 T 放电。

引脚 8 为电源端。

引脚 1 为接地端。

555 定时器的功能表如表 3.14 所示。

表 3.14　555 定时器功能表

TH	$\overline{\text{TR}}$	$\overline{\text{Rd}}$	OUT	DIS
×	×	0	0	导通
$>\dfrac{2}{3}V_{CC}$	$>\dfrac{1}{3}V_{CC}$	1	0	导通
$<\dfrac{2}{3}V_{CC}$	$>\dfrac{1}{3}V_{CC}$	1	保持	保持
$<\dfrac{2}{3}V_{CC}$	$<\dfrac{1}{3}V_{CC}$	1	1	截止

555 定时器具有电源范围宽、定时精度高、带负载能力强等特点，能与 TTL 电路和 CMOS 电路兼容。将 555 定时器外接一些电阻、电容和其他器件就可以组成单稳态触发器、多谐振荡器和施密特触发器三种基本应用电路。由于使用灵活、方便，因而 555 定时器在脉冲信号产生电路、整形电路、定时延时电路、仿声电路、报警电路、检测电路、电源变换电路等都得到极为广泛的应用。

（二）典型应用

1. 用 555 定时器构成单稳态触发器

图 3.50（a）所示为由 555 定时器和外接定时元件 R、C 构成的单稳态触发器。触发电路由 C_1、R_1、R_2 组成，适当选取 R_1、R_2，接通电源，未加触发信号时，$V_i > \dfrac{1}{3}V_{cc}$，这时 $\overline{S}=1$。若触发器初始状态为 0，则三极管 T 导通，$V_C \approx 0$，$\overline{R}=1$，电路处于稳态，输出 $V_o=0$，为低电平。若触发器初始状态为 1，则三极管 T 截止，V_{CC} 经电阻 R 对电容 C 充电，当 $V_c > \dfrac{2}{3}V_{cc}$ 时，$\overline{R}=0$，使触发器输出 $Q=0$，$\overline{Q}=1$，三极管 T 迅速放电，$\overline{R}=1$，电路进入稳态，输出 V_0 为低电平。也就是说，无论触发器状态如何，未加触发脉冲时，电路始终为稳态，使输出 V_0 为低电平。

当负脉冲触发信号出现时，$V_i < \dfrac{1}{3}V_{cc}$，使 $\overline{S}=0$，触发器置 1，输出 V_0 为高电平，三极管 T 截止，电容 C 开始充电，电路进入暂稳态。当 $V_c > \dfrac{2}{3}V_{cc}$ 时（在此之前，V_i 已超过 $\dfrac{1}{3}V_{cc}$，$\overline{S}=1$），$\overline{R}=0$，使触发器输出 $Q=0$，$\overline{Q}=1$，三极管 T 速放电，$\overline{R}=1$，电路进入稳态，输出 V_0 为低电平。

图 3.50（b）为该单稳态触发器的工作波形。暂稳态持续的时间 t_W 就是电容 C 从 0 充电至 $\dfrac{2}{3}V_{cc}$ 所需时间，由外接电阻、电容的大小决定。RC 电路零状态响应为：

$$V_c = V_{cc}\left(1 - e^{-\frac{t_w}{\tau}}\right)$$

式中：$\tau = RC$。

将 $v_c = \dfrac{2}{3}V_{cc}$ 代入上式，可得脉冲宽度：

$$t_w = RC \ln \frac{V_{cc}}{V_{cc} - \dfrac{2}{3}V_{cc}}$$

$$= RC \ln 3$$

$$= 1.1RC$$

调整外接电阻 R、电容 C 的值，可调整输出的正脉冲宽度 t_w，从而可用于定时控制，可直接驱动小型继电器，并可以使用复位端（4 脚）接低电平的方法来中止暂态，重新计时。

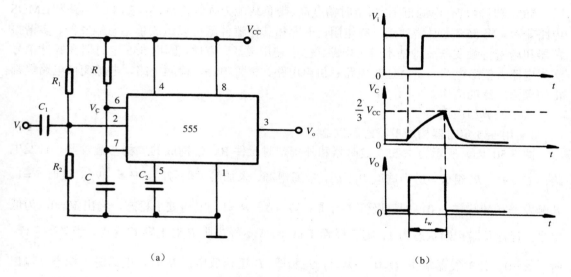

(a)   (b)

图 3.50　单稳态触发器

单稳态触发器分为不可重复触发的单稳态触发器和可重复触发的单稳态触发器。不可重复的单稳态触发器在暂稳态期间，外界的触发信号不再起作用，只有在暂稳态结束后，才能接受触发信号。可重复触发的单稳态触发器，在电路的暂稳态期间，加入一个新的触发脉冲，会使暂稳态延续，如果下一个触发脉冲与新触发脉冲的时间间隔超过暂稳态持续时间 t_w，那么，延续的时间为原触发脉冲与新触发脉冲的间隔时间，否则，暂稳态会一直延续下去，直到后一个触发脉冲与前一个触发脉冲相距的时间间隔超过暂稳态持续时间 t_w，电路才返回稳态。

2. 用 555 定时器构成多谐振荡器

如图 3.51（a）所示，由 555 定时器和外接元件 R_1、R_2、C 组成多谐振荡器，脚 2 与脚 6 直接相连。电路没有稳态，仅存在两个暂稳态，电路亦不需要外加触发信号，利用电源通过 R_1、R_2 向 C 充电，以及 C 通过 R_2 向放电端放电，使电路产生振荡。

接通电源时，电容器 C 初始电压 $V_c = 0$，这时 $\overline{R} = 1$，$\overline{S} = 0$，555 定时器输出 V_0 为高电平，三极管 T 截止，电源经 R_1、R_2 开始对电容 C 充电。

当 $V_c > \dfrac{2}{3}V_{cc}$ 时，$\overline{R} = 0$，$\overline{S} = 1$，定时器输出 V_0 为低电平，三极管 T 导通，电容 C 经 R_2 和三极管 T 放电。

当 $V_c < \dfrac{1}{3}V_{cc}$ 时，又使 $\overline{R} = 1$，$\overline{S} = 0$，定时器输出 V_0 为高电平，三极管 T 截止，电源经 R_1、R_2 开始对电容 C 充电。

如此周而复始，输出矩形脉冲序列，在图 3.51（b）中，给出了相应的输出波形，T_{w1} 是电容 C 从 $\dfrac{1}{3}V_{CC}$ 充电至 $\dfrac{2}{3}V_{CC}$ 所需的时间，T_{w2} 是电容 C 从 $\dfrac{2}{3}V_{CC}$ 放电至 $\dfrac{1}{3}V_{CC}$ 所需的时间。

输出信号的周期 T：

$$T = t_{w1} + t_{w2}$$
$$t_{w1} = \ln2(R_1 + R_2)C = 0.7(R_1 + R_2)C$$
$$t_{w2} = \ln2 R_2 C = 0.7 R_2 C$$

输出信号的占空比：

$$q = \frac{t_{w1}}{T} = \frac{t_{w1}}{t_{w1} + t_{w2}} = \frac{R_1 + R_2}{R_1 + 2R_2}$$

外部元件的稳定性决定了多谐振荡器的稳定性，555 定时器配以少量的元件即可获得较高精度的振荡频率和具有较强的功率输出能力。因此这种形式的多谐振荡器常用作时钟脉冲发生器。

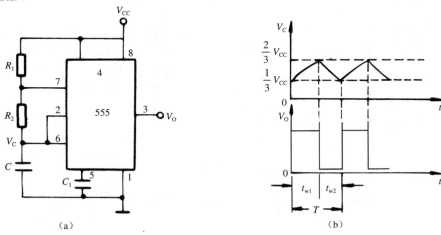

图 3.51　多谐振荡器

3．施密特触发器

电路如图 3.52（a）所示，只要将脚 2、6 连在一起作为信号输入端，即得到施密特触发器。

为了提高触发灵敏度，电路中引入 R_1、R_2 和 C_1。设被整形变换的电压为正弦波 V_i，经 C_1、R_1、R_2 加到 555 定时器的 2 脚和 6 脚。

当 V_i 从 0 增加到 $\frac{1}{3}V_{CC}$ 过程中，输出 V_0 为高电平。

当 V_i 增加到 $\frac{2}{3}V_{CC}$ 过程中，输出 V_0 保持不变，仍为高电平。

当 V_i 大于上限触发电平 $V_{TH} = \frac{2}{3}V_{CC}$ 时，输出翻转为低电平。

当 V_i 从 $\frac{2}{3}V_{CC}$ 减少到 $\frac{1}{3}V_{CC}$ 过程中，输出 V_0 保持不变，仍为低电平。

当 V_i 降至 $\frac{1}{3}V_{CC}$ 以下时，输出 V_0 又翻转为高电平。

也就是说，V_i 增加过程中，达到上限，而在 V_i 减少过程中，必须达到下限触发电平 $V_{TL} = \frac{1}{3}V_{CC}$ 时，触发器的状态才发生变化。可见施密特触发器有两个阈值电平 $V_{TH} = \frac{2}{3}V_{CC}$、$V_{TL} = \frac{1}{3}V_{CC}$。图 3.52（b）所示为输入、输出信号波形。

电路的电压传输特性曲线如图 3.52（c）所示。

上限、下限触发电平之差称为回差电压 ΔV。

$$\Delta V = \frac{2}{3}V_{CC} - \frac{1}{3}V_{CC} = \frac{1}{3}V_{CC}$$

若要对输出信号进行电平转换，可利用放电端 DIS 作为输出端。在 555 定时器的电压控制端（管脚 5）外接一电源，可改变上、下触发电平值和回差电压。

施密特触发器的抗干扰能力强，常作整形、幅度鉴别、波形转换、电平转换等。

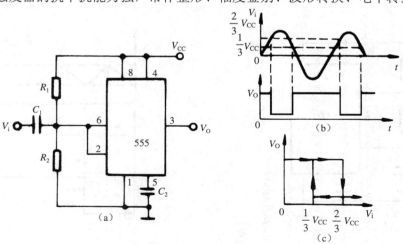

图 3.52　施密特触发器

应用举例：

图 3.53 所示电子圣诞树电路由时钟脉冲产生器、脉冲分配器电路和驱动显示电路组成。

时钟脉冲产生器由 555 定时器和 R_1、R_2、VR_1 及 C 组成，它的输出作为 IC_2 的计数脉冲，IC_2 采用十进制计数器/脉冲分配器 CC4017。16 脚接电源，8 脚接地，可在 3～18V 电压下工作。14 脚是时钟脉冲输入端，13 脚是输入时钟脉冲控制端，一般接低电平，若接高电平会令 14 脚暂停作用。15 脚是置零端，一般接低电平，若接高电平则使输出置零。每当时钟脉冲上升到达时使 CC4017 输出脚 Q_0～Q_9 依次输出高电平脉冲，脉冲宽度为时钟周期，利用此脉冲信号将对应 T_1～T_6 依次饱和导通，则对应的各路发光二极管依次点亮，漂亮的圣诞树就呈现在我们的眼前。

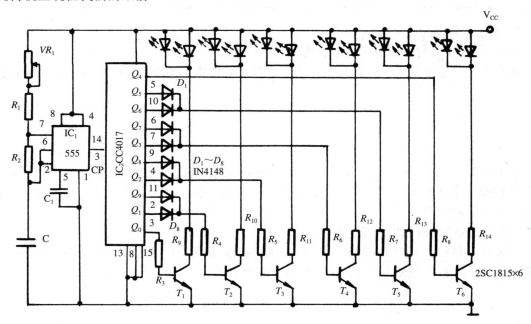

图 3.53　电子圣诞树电路

五、实验任务及要求

（一）基础性实验

1. 555 定时器逻辑功能测试

请思考：555 定时器的 TH、$\overline{\text{TR}}$、$\overline{\text{R}}_\text{d}$ 端在不同工作模式下分别采用什么触发方式？

实验任务：稳压电源为实验底板提供 10V 电源电压。经 7806 稳压管为 555 定时器提供 +6V 的电源电压。放电管输出端 DIS 接 VR2 端口。

按表 3.15 内容用示波器或万用表测试，并将测试结果填入表 3.15 中。

表 3.15　555 定时器逻辑功能测试表

$\overline{TR}$ (V)	TH (V)	$\overline{Rd}$	OUT (V)	DIS (V)
×	×	0		
2	3	1		
3	3	1		
3	4	1		

2. 555 定时器的应用

（1）用 555 定时器构成单稳态触发器

请思考：该实验的输入信号为什么选窄脉冲信号？输出波形的脉冲宽度与哪些因素有关？

实验任务：按图 3.50（a）连接电路，取 $R_1=R_2=5.1k\Omega$，$R=100k\Omega$，$C=0.01\mu F$，$C_1=0.01\mu F$。输入 500Hz 窄脉冲信号，用双踪示波器观察、记录 V_i、V_C、V_O 的波形，并在波形图中标出周期、幅值、脉宽等。

（2）用 555 定时器构成多谐振荡器

请思考：555 定时器构成的多谐振器，其振荡周期和占空比的改变与哪些因素有关？若只需改变周期，而不改变占空比，应调整哪个元件参数？

实验任务：按图 3.51（a）连接电路，取 $R_1=R_2=100$ kΩ，$C_1=0.01\mu F$、$C=0.01\mu F$。用双踪示波器分别观察记录 V_C、V_O 波形，改变 $C=0.1\mu F$。记录相应数据于表 3.16 中。

表 3.16　R、C 参数变化测试表

$R_1=R_2=100$ kΩ	$C=0.1\mu F$	$f=$	占空比=
$R_1=R_2=100$ kΩ	$C=0.01\mu F$	$f=$	占空比=
$R_1=22k\Omega$，$R_2=10k\Omega$	$C=0.01\mu F$	$f=$	占空比=

（3）用 555 定时器构成施密特触发器

请思考：本实验电路中施密特触发器的上、下限触发电平可调吗?怎样实现？

实验任务：按图 3.52（a）电路接线，取 $R_1=R_2=100k\Omega$，$C_1=C_2=0.01\mu F$。输入正弦波信号 1kHz，逐渐加大 V_i 的幅度，用双踪示波器分别观察记录 V_i、V_o 波形（注意输入正弦波信号对输出波形的脉宽，上、下限触发电平以及回差电压的影响）。测绘电压传输特性。

（选做）在电压控制端⑤外接 3.6V 电压，在示波器上观察该电压对输出波形的脉宽，上、下限触发电平以及回差电压的影响。

（4）趣味性实验

按图 3.53 电路接线。利用 555 定时器和 R_1、R_2、VR_1 及 C 组成时钟脉冲产生器和十进制计数器/脉冲分配器 CC4017 设计一个圣诞树电路。发光二极管闪烁的快慢由 R_1、R_2、VR_1 及 C 决定，因此仅提供一组参考数据。R_1=68 kΩ，R_2=47 kΩ，VR_1 任意位置，C=0.1μF。实验时 R_1、R_2、VR_1 及 C 可在实验底板上灵活选取。

（二）设计性实验

1．设计任务

（1）利用 555 定时器设计一个数字定时器，每启动一次，电路即输出一个宽度为 10s 的正脉冲信号。搭接电路并测试其功能。

（2）利用 555 定时器设计一个十分频器，输入频率为 1kHz 的脉冲信号。

（3）模拟声响电路。按图 3.54 接线，组成两个多谐振荡器，调节定时元件，使 I 输出较低频率，II 输出较高频率，连好线，接通电源，试听音响效果。调换外接阻容元件，再试听音响效果。

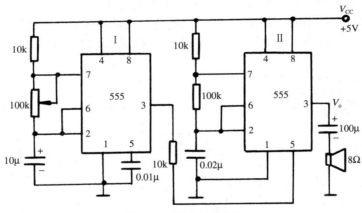

图 3.54　模拟声响电路

2．设计要求

（1）根据任务要求写出设计步骤，选定器件；

（2）根据所选器件画出电路图；

（3）写出实验步骤和测试方法，设计实验记录表格；

（4）进行安装、调试及测试，排除实验过程中的故障；

（5）分析、总结实验结果。

六、实验中的常见故障及解决办法

1．单稳态电路的输入信号选择要特别注意。V_i 的周期 T 必须大于 V_O 的脉宽 t_w，并且低电平的宽度要小于 V_O 的脉宽 t_w，否则电路不能正常工作。

2．实验中选择与放电端（引脚 7）连接的电阻 R 取值不能太小，若 R 太小，当放电管导通时，灌入放电管的电流太大，会损坏放电管。

七、实验报告中的数据要求

1. 简述各电路的工作原理。根据所选器件画出电路连接图。

2. 写出实验步骤和测试方法，整理实验图表和数据；在画所记录的波形时，要求按时间坐标对齐，并标注出波形的周期、脉宽和幅度等。

3. 分析、总结实验结果。

4. 写出对实验的建议、心得体会。

八、思考题

1. 555 定时器，CO 端为电压控制端，当悬空时，触发电平分别为多少？当接固定电平 VCO 时，触发电平分别为多少？

2. 用 555 定时器组成的施密特触发器，当 $V_{CC}=12V$，电压控制端悬空，V_{TH}、V_{TL}、ΔV 各为多少？当 $V_{CC}=12V$，电压控制端 $V_{CO}=8$ V 时，V_{TH}、V_{TL}、ΔV 各为多少？

3. 555 定时器构成的多谐振器，只变电容 C 的大小能够改变振荡器输出电压占空比系数吗？

4. 单稳态触发电路，输出脉冲宽度是否应大于触发脉冲宽度？

5. 实验电路中，CD4017 输出端接的二极管的作用是什么？是否可以不要？

5. 圣诞树显示电路中发光管轮流闪亮，其中当 Q_0 为高电平时，所有的灯全亮，如何实现画出电路图。

实验面板图见图 3.55。

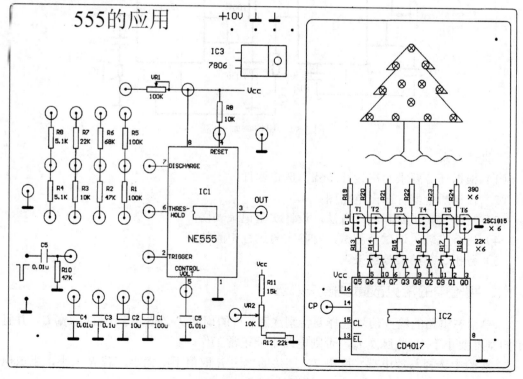

图 3.55　实验面板图

附：实验底板实物图见图 3.56。

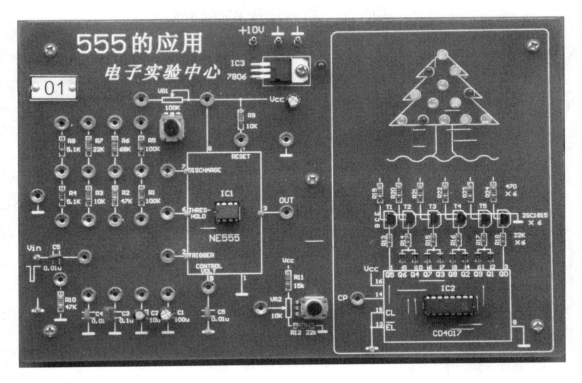

图 3.56　实验底板实物图

3.9 实验九 数据选择和译码显示

一、实验目的

1. 掌握数据选择器的功能和应用方法。
2. 熟悉数码管的使用方法。
3. 掌握二进制译码器和七段显示译码器的功能和使用方法。
4. 学习中规模集成计数器的计数分频功能。
5. 掌握组成数码管动态显示的工作原理和设计方法。
6 利用数据选择器和译码器等进行电路设计。

二、实验仪器与器件

1. 双踪示波器一台
2. 函数发生器一台
3. 直流稳压电源一台
4. 实验电路板一块
5. 集成器件 74LS153×2 只，CD4511×1 只，74LS139×1 只，74LS161×1 只
6. 连接导线若干

三、预习要求

1. 认真阅读多路数据选择器、二进制译码器、七段显示译码器及同步计数器的相关资料，了解集成器件 74LS153、CD4511、74LS139、74LS161 的功能及使用方法。
2. 掌握多位数码管动态显示电路的原理。
3. 按设计任务要求，画出电路连接图及波形图，设计相应的实验步骤及实验表格。

四、实验原理

1. 数据选择器分时传输组成动态译码结构图如图 3.57 所示

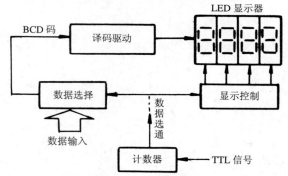

图 3.57 数据选择器分时传输组成动态译码方框图

（1）用四路数据选择器从多路输入数据（BCD码）中选择其中1路送到输出端，由译码显示器驱动LED显示十进制数。四路数据由四个LED分别显示，由显示控制译码器控制选通，数据选择器和显示控制译码器由数据选通信号实现同步传输和显示。

（2）若用外来的数字信号，送至计数器CP端，将计数器输出Q_A、Q_B作为数据选通信号，则可使输出十进制数实现动态显示。

2. 四位数码管动态显示电路原理图如图3.58所示

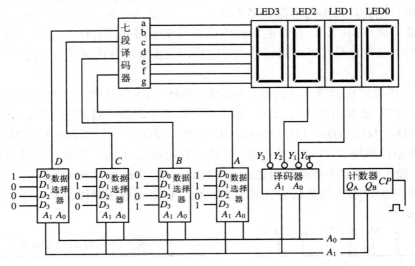

图3.58　四位LED动态显示电路

（1）利用数据选择器的分时传输功能，可分别传送四组8421BCD码，并进行译码显示。一般一个数码管需要一个七段译码显示器，利用数据选择器和显示控制译码器组成动态显示，则若干个数码管可共用一片七段译码显示器。

（2）用四个四选一（本实验我们使用的是两片双四选一74LS153）数选可组成一个四路数据选择器。四路8421BCD码连接如图9.2所示：每一路数据的个位数全送至数据选择器A的$D_0 \sim D_3$位，十位送选择器B的$D_0 \sim D_3$位，百位送选择器C的$D_0 \sim D_3$位，千位送选择器D的$D_0 \sim D_3$位。当地址码为00时，数据选择器传送的是第一路8421BCD码（1001）；当地址码为01时，数据选择器传送的是第二路8421BCD码（0111）；当地址码为10时，数据选择器传送的是第三路8421BCD码（0000）；当地址码为11时，数据选择器传送的是第四路8421BCD码（0011），经七段译码驱动后就分别得到四路数据的七段显示码。被点亮的数码管受地址码A_1、A_0经2-4线译码器的输出控制。当$A_1A_0=00$时，$Y_0=0$，则对应第一路数据的数码管亮，其他依此类推为第二到第四路数据的数码管亮。

（3）当接入计数器后，由CP端输入一定频率的TTL信号，输出端Q_A、Q_B分别接数据选择器和显示控制译码器的地址输入端A_1、A_0，由于Q_B、Q_A端以00、01、10、11循环，故构成一个模4的计数器。当四个数码管以较高频率依次点亮时，由于人的视觉停留效果，看上去四个数码管都一直处于点亮的状态。

（4）用多位LED显示，一般采取动态扫描方式、分时循环显示，即多个发光管轮流交替点亮。这种方式是利用人眼的滞留现象，只要在1秒内一个发光管亮24次以上，每次点亮时间维持在 2ms 以上，则人眼感觉不到闪烁，宏观上仍可看到多位 LED 同时显示的效果。动态显示可以简化硬件、降低成本、减小功耗。图 3.58 所示是一个四位 LED 动态显示电路，七段驱动器输出 LED 字符七段代码信息，显示控制驱动器输出 4 个 LED 的位选通信号，即分时使 $Y_0 \sim Y_3$ 轮流有效，使得 $LED_0 \sim LED_3$ 轮流显示。

3．模块功能介绍

（1）数据选择器。能够从来自不同地址的多路数字信息中任意选出所需要的一路信息作为输出的组合电路。数据选择器有多个输入、一个输出。其功能类似于单刀多掷开关，故又称为多路开关（MUX）。在控制端的作用下可从多路并行数据中选择一路送输出端。数据选择器的主要用途是实现多路信号的分时传送、实现组合逻辑函数、进行数据的串-并转换等。

TTL 中规模数据选择器，是根据多位数据的编码情况将其中一位数据由输出端送出去的电路。74LS153 是双四选一数据选择器，其中有两个四选一数据选择器，它们各有四个数据输入端 $1D_3$、$1D_2$、$1D_1$、$1D_0$ 和 $2D_3$、$2D_2$、$2D_1$、$2D_0$，一个输出端 $1Y$、$2Y$ 和一个控制许可端 S。选通控制端 S 为低电平有效。当控制许可端 $S=1$ 时，传输通道被封锁，芯片被禁止，$Y=0$，输入的数据不能传送出去；当控制许可端 $S=0$ 时，传输通道打开，芯片被选中，处于工作状态，输入的数据被传送出去。A_1、A_0 是地址选择端，两路选择器公用。管脚图如图 3.59 所示。

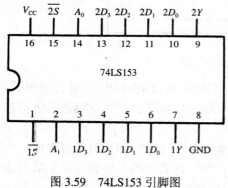

图 3.59　74LS153 引脚图

表 3.17　74LS153 功能表

输入				输出
S	D	A_1	A_0	Y
1	X	X	X	0
0	D_0	0	0	D_0
0	D_1	0	1	D_1
0	D_2	1	0	D_2
0	D_3	1	1	D_3

74LS153 逻辑功能见表 3.17。从功能表可看出，当 S 端输入为低电平时，四选一数据选择器处于工作状态，它有 4 位并行数据输入 $D_0 \sim D_3$，当选择地址输入 A_1、A_0 的二进制码依次由 00 递增至 11 时，4 个通道的并行数据便依次传送到输出端 Y，转换成串行数据。

（2）LED（Light Emitting Diode）显示器（七段数码管）。在数字系统中，常常需要将运算结果用人们习惯的十进制显示出来，这就要用到显示译码器。显示译码器主要用来驱动各种显示器件，如 LED、LCD 等，从而将二进制代码表示的数字、文字、符号"翻译"成人们习惯的形式，直观地显示出来。

目前用于显示电路的中规模译码器种类很多，其中用得较多的是七段显示译码器。它的输入是 8421BCD 码，输出是由 a、b、c、d、e、f、g 构成的一种代码，我们称之为七段显示码。根据字形的需要，确定 a、b、c、d、e、f、g 各段应加什么电平，就得到两种代码对应的编码表。七段显示码被送到七段显示器显示。

七段显示器分共阴极和共阳极两种形式，它们的外形结构和二极管连接方式分别如图

3.60、图 3.61 所示。从图 3.60 和图 3.61 中可以看出，对于共阳极的显示器，当输入低电平时发光二极管发光；对于共阴极的显示器，当输入高电平时发光二极管发光。与之相应的译码器的输出也分低电平有效和高电平有效两种。如 74LS46、74LS47 为低电平有效，可用于驱动共阳极的 LED 显示器；74LS48、74LS49 为高电平有效，可用于驱动共阴极的 LED 显示器。有的 LED 显示器带有小数点，一般用 DP 表示。

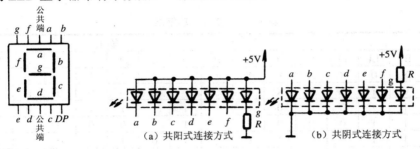

图 3.60 外形结构图   图   3.61

值得注意的是，有的译码器内部电路的输出级有集电极电阻，如 74LS48，它在使用时可直接接显示器。而有的译码器为集电极开路（OC）输出结构，如 74LS47 和 74LS49，它们在工作时必须外接集电极电阻，可通过调整电阻值来调节显示器的亮度。

（3）显示译码器。二-十进制译码器，用 4 位二进制数 0000～1001 分别代表十进制数 0～9，称为二-十进制数，又称 BCD 码（Binary Coded Decimal）。

BCD 码七段译码器的输入是一位 BCD 码（以 D、C、B、A 表示），输出是数码管各段的驱动信号以 $abcdefg$ 表示，也称 4-7 译码器。若用它驱动共阴 LED 数码管，则输出应为高电平有效，即输出为高电平时，相应显示段发光。例如，当输入 8421 码 $DCBA=0100$ 时，应显示 4，即要求同时点亮 $bcfg$ 段，熄灭 ade 段，故译码器的输出应为 $abcdefg =0110011$，这也是一组代码，常称为段码。8421BCD 码对应的显示见表 3.18。

表 3.18   BCD 码与 LED 相应发光段对照表

发光段	0	1	2	3	4
BCD	0000	0001	0010	0011	0100
发光段代码	*abc* *def*	*bc*	*abd* *eg*	*abc*	*bc* *fg*
发光段	5	6	7	8	9
BCD 码	0101	0110	0111	1000	1001
发光段代码	*abc* *fg*	*cde* *fg*	*abc*	*abc* *defg*	*abc* *fg*

CMOS 集成电路 CD4511 是一个用于驱动共阴 LED 显示器的 BCD 码七段码译码器，其引脚图如图 3.62 所示，逻辑功能见表 3.19。其功能如下：

试灯端 LT：当 BI=1，LT=0 时，不管输入 $DCBA$ 状态如何，七段均发亮，显示"8"。它主要用来检测数码管是否损坏。

灭零端 BI：当 BI=0 时，不管其他输入端状态如何，七段数码管均处于熄灭状态，不显示数字。

锁存端 LE：当 LE=0 时，允许译码输出。

DCBA（D 为最高位）：输入二进制码。

abcdefg：各笔画段控制端，输出高电平时点亮相应的笔画段。

表 3.19　CD4511 功能表

LE	$\overline{\text{BI}}$	$\overline{\text{LI}}$	D	C	B	A	a	b	c	d	e	f	g	显示
输入							输出							
X	X	0	X	X	X	X	1	1	1	1	1	1	1	8
X	0	1	X	X	X	X	0	0	0	0	0	0	0	
0	1	1	0	0	0	0	1	1	1	1	1	1	0	0
0	1	1	0	0	0	1	0	1	1	0	0	0	0	1
0	1	1	0	0	1	0	1	1	0	1	1	0	1	2
0	1	1	0	0	1	1	1	1	1	1	0	0	1	3
0	1	1	0	1	0	0	0	1	1	0	0	1	1	4
0	1	1	0	1	0	1	1	0	1	1	0	1	1	5
0	1	1	0	1	1	0	0	0	1	1	1	1	1	6
0	1	1	0	1	1	1	1	1	1	0	0	0	0	7
0	1	1	1	0	0	0	1	1	1	1	1	1	1	8
0	1	1	1	0	0	1	1	1	1	0	0	1	1	9
0	1	1	1	0	1	0	0	0	0	0	0	0	0	
0	1	1	1	0	1	1	0	0	0	0	0	0	0	
0	1	1	1	1	0	0	0	0	0	0	0	0	0	
0	1	1	1	1	0	1	0	0	0	0	0	0	0	
0	1	1	1	1	1	0	0	0	0	0	0	0	0	
0	1	1	1	1	1	1	0	0	0	0	0	0	0	
1	1	1	X	X	X	X				*				*

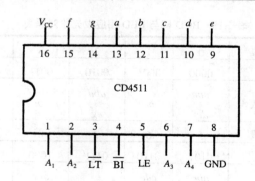

图 3.62　CD4511 引脚图

（4）变量译码器。把输入二进制代码的状态翻译成对应的输出信号，即译码器输出表示输入变量的状态。如 n 位二进制译码器，其译码器的输入端有 n 个，译码器输出就有 2^n 个。变量译码器可做数据分配器使用。双 2-4 线译码器 74LS139 在本实验中作为数据分配器，其引脚图如图 3.63 所示，功能表见表 3.20。

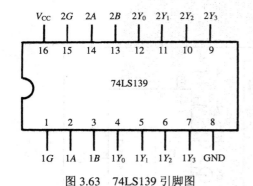

图 3.63　74LS139 引脚图

表 3.20　74LS139 功能表

输入			输出			
使能	选择					
G	A_1	A_0	Y_0	Y_1	Y_2	Y_3
1	X	X	1	1	1	1
0	0	0	0	1	1	1
0	0	1	1	0	1	1
0	1	0	1	1	0	1
0	1	1	1	1	1	0

该译码器有两组 2-4 线译码器。每组有两个地址输入端 A_1、A_0，四个译码输出端 Y_0、Y_1、Y_2、Y_3，当输入为 00 时，Y_0 输出为 "0"，其他输出端为 "1"；同理可推其他输出状态，即只有输出变量下标对应的二进制代码与输入代码相等的输出端为 "0"，其他输出端为 "1"。另外，该译码器每一组还有一个使能端（选通端）G，当它为高电平时，输出全为高；当它为低电平时，才允许译码。

（5）同步计数器。计数器分为同步计数器和异步计数器，在同步计数器中，各触发器都是利用被计数的脉冲作为时钟，因此各触发状态同时更新。同步计数器具有工作速度快、译码后输出波形好等优点，使用非常广泛。四位二进制同步计数器 74LS161 能同步并行预置数据，异步清零，具有清零、置数、计数和保持四种功能，且具有进位信号输出，可串接计数使用。74LS161 的引脚图如图 3.64 所示，其功能表见表 3.21。

该计数器有清零信号 $\overline{Cr}$，使能信号 S_1、S_2，置数信号 $\overline{LD}$，时钟 CP 和四个数据输入端 A、B、C、D，另外还有四个数据输出端 Q_A、Q_B、Q_C、Q_D 以及进位输出端 Q_{cc}，且 $Q_{cc}=Q_A \cdot Q_B \cdot Q_C \cdot Q_D \cdot S_2$。根据功能表分析计数器功能如下：

当 $\overline{C_r}=0$，不管其他控制信号为何状态，对计数器清零。当 $\overline{C_r}=1$，$\overline{LD}=1$，时钟脉冲上升沿到达时，不管其他控制信号为何状态，$Q_AQ_BQ_CQ_D=ABCD$，即完成了并行置数功能。而如果没有时钟脉冲的上升沿到达，尽管 $\overline{LD}=0$ 也不能将预置数据置入触发器。这就是同步预置与异步预置的不同之处。当 $\overline{C_r}=1$，$\overline{LD}=1$，且 $S_1=S_2=1$ 时，计数器伴随着时钟脉冲，将二进制码循环计数。当计数状态达到 1111 时，其 $Q_{cc}=1$，产生进位输出，其脉宽为一个时钟周期。当 $\overline{C_r}=1$，$\overline{LD}=1$，$S_1=0$，$S_2=1$ 时，计数器的所有输出（包括 Q_{cc}）都处于保持状态。当 $\overline{C_r}=1$，$\overline{LD}=1$，$S_2=0$，S_1 为任意态时，计数器的进位输出 $Q_{cc}=0$，其余输出处于保持状态。

图 3.64　74LS161 引脚图

4．实验电路面板如图 3.65 所示

表 3.21　74LS161 功能表

$\overline{Cr}$	$\overline{LD}$	S_1	S_2	CP	功能
0	×	×	×	×	清 "0"
1	0	×	×	↑	预置
1	1	1	1	↑	计数
1	1	0	1	×	保持
1	1	×	0	×	保持 $Q_{CC}=0$

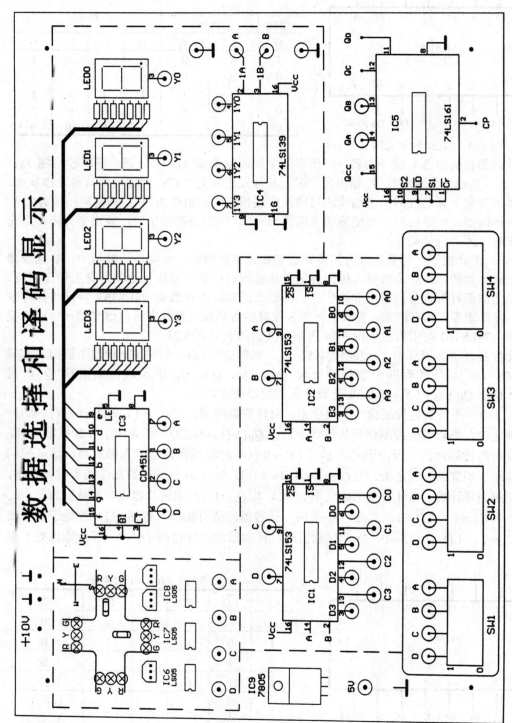

图 3.65 实验电路面板图

数据选择和译码显示

（1）稳压电源给实验电路板提供 10V 电源，经 7805 得到电路所需的 5V 电压。

（2）将两片数据选择器 74LS153 的输入端 $D_0 C_0 B_0 A_0$、$D_1 C_1 B_1 A_1$、$D_2 C_2 B_2 A_2$、$D_3 C_3 B_3 A_3$ 分别接至拨动开关 SW4、SW3、SW2、SW1 进行数据输入，SW1～SW4 可通过拨动开关对 BCD 码进行预置。

（3）数据选择器输出的 8421BCD 码 DCBA 经显示译码器 CD4511 驱动送至数码管显示。

（4）2-4 线译码器 74LS139 的地址输入端与数据选择器的地址端已连接，74LS139 的输出端 $1Y_3$、$1Y_2$、$1Y_1$、$1Y_0$ 分别接至四个 LED 显示数码管的共阴端 Y_3、Y_2、Y_1、Y_0，进行分时显示。

（5）2-4 线译码器 74LS139 的地址输入端 A、B 的选择可手动选择或由计数器 LS161 动态选择。在手动选择时，将 B、A 端都接地为 00，此时允许第一路信号输出；将 B 端接地，A 端悬空为 01，此时允许第二路信号输出；将 B 端悬空，A 端接地为 10，此时允许第三路信号输出；若 B、A 端都悬空时为 11 状态，此时允许第四路信号输出。若 TTL 信号送至计数器 74LS161CP 端，输出端 Q_A、Q_B 与数据选择器地址端相连，则可进行动态显示。

（6）本实验电路设置了一个演示区：由数据选择器提供数据，用三只 74LS05 和外围元件（三极管、电阻等）构成已预置好的译码电路，分别驱动红黄绿指示灯发光，组成简单的十字路口交通灯控制电路。要求南北方向和东西方向两条交叉道路上的车辆交替运行。若南北方向绿灯亮，东西方向红灯亮；若东西方向绿灯亮，南北方向红灯亮；若南北方向黄灯亮，东西方向黄灯同时。绿灯—黄灯—红灯—（循环）三个状态。十字路口交通灯控制电路示意图见图 3.66 所示，红、黄、绿指示灯译码电路图见 3.67 所示。

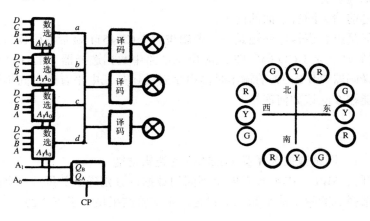

图 3.66　十字路口交通灯控制电路示意图

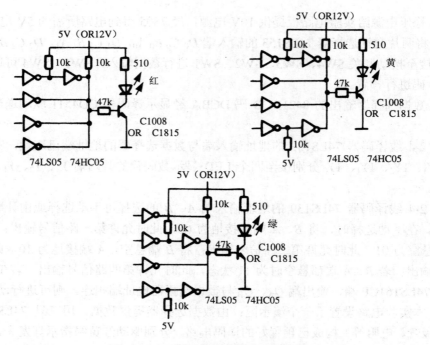

图 3.67 红、黄、绿指示灯译码驱动电路

五、实验任务及要求

（一）基础性实验

在做实验之前请你回答下面的问题：

数据选择器是组合逻辑电路还是时序逻辑电路？CD4511 显示译码器输出应接什么方式的 LED 显示器？什么是 BCD 码？图 3.58 所示电路中数据选择器 74LS153 的地址输入端的作用是什么？译码器 74LS139 的输出是高电平有效还是低电平有效？同步计数器 74LS161 在计数时，使能端 S 应该如何连接？

实验任务：1. 测试数据选择器 74LS153 的逻辑功能

利用逻辑开关 SW1～SW4 设置四个不同的数据，分别送到数据选择器的四路输入端，依次改变数据选择器的两个地址输入端状态，将实验结果填写于表 3.22。

表 3.22 74LS153 的逻辑功能测试表

B	A	LED3	LED2	LED1	LED0	74LS153 输出显示
0	0					
0	1					
1	0					
1	1					

根据以上的实验数据得出相应的实验结论。

2. BCD 码-七段码显示译码器功能测试。

选择一位数码管，并将其对应的地址码通过手动设置输入，在此位对应的 BCD 码逻辑开关处，改变 BCD 码的值，观察数码管显示的变化，将实验结果填入表 3.23。

表 3.23　BCD 码—七段码显示译码器功能测试表

二进制码输入	LED 显示	二进制码输入	LED 显示	二进制码输入	LED 显示
0000		0110		1100	
0001		0111		1101	
0010		1000		1110	
0011		1001		1111	
0100		1010			
0101		1011			

根据以上的实验数据得出相应的实验结论。

3. 同步计数器工作波形测试

将 74LS161 的 CP 接入 1kHz 的 TTL 信号，用双踪示波器测试观察计数器中的各个输出波形的分频关系，分别画出 Q_A、Q_B、Q_C、Q_D 及 Q_{cc} 的波形。为了便于比较它们之间的时序关系，每次要在示波器上显示两个波形，例如第一次显示 CP 和 Q_A，第二次显示 Q_A 和 Q_B，第三次显示 Q_B 和 Q_C……注意它们是上升沿还是下降沿触发，如图 3.68 所示。

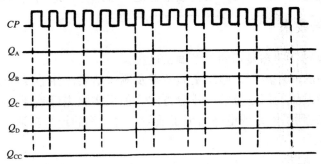

图 3.68　测试波形图

4. 四路数据 LED 动态显示实验

实验电路如图 3.58 所示，将 74LS161 的 CP 接入 500Hz 的 TTL 信号，Q_B、Q_A 分别连接数据选择器的地址输入端 B、A，对于 Q_B、Q_A 端以 00、01、10、11 循环，构成一个模 4 的计数器。任意设置四组 8421BCD 码，并记录数码管显示的结果，得出实验结论。若改变输入频率，使之在 2Hz~500Hz 范围变化，观察显示效果，得出相应结论。

（二）设计性实验

1. 设计任务

（1）试设计一个简单的十字路口交通灯控制电路。实验电路参见图 3.66。试完成绿、黄、红三种状态时的数据输入，得出相应结论，并画出三种状态时的逻辑电路图。

（2）用 74LS153 及门电路组成八选一数据选择器。

（3）设计一个显示电路，用七段显示译码器显示 ABCDEHGH 八个英文字母。

（4）用 3-8 线译码器 74LS138 设计一个时钟脉冲分配器。

（5）用数据选择器 74LS151 及译码器 74LS138 组成一个八路数据传输电路。

（6）试用低电平输出有效的 8421BCD-7 段译码器 74LS47 及共阳数码管，实现 5 位 8421BCD 码的显示，包括小数点后 2 位。要求实现无效零的匿影，请画出电路连线简图。

2．设计要求

（1）根据任务要求写出设计步骤，选定器件；

（2）根据所选器件画出电路图；

（3）写出实验步骤和测试方法，设计实验记录表格；

（4）进行安装、调试及测试，排除实验过程中的故障；

（5）分析、总结实验结果。

六、实验中的常见故障及解决办法

1．如果实验电路板没有供电，请检查电源线是否连接好，注意直流电源应接+10V。

2．接线时要细心，看清管脚；换线、拆线时要关掉电源。

3．如果数码管不亮，应检查 74LS153 和 CD4511 的逻辑功能及数码管供电是否正常；如果数码管不能循环显示，应检查 74LS139 和 74LS161 的逻辑功能，或检查信号源提供的输入信号是否正确。

4．用双踪示波器测试波形时，要使波形稳定，应选择合适的信号做触发源。

七、实验报告要求

1．总结多位数码管动态显示的整个调试过程。

2．绘出实验中的时序波形，整理实验数据及测试结果，并加以说明。

3．分析调试中发现的问题及故障排除方法。如果实验进行顺利，写下你的心得体会与建议；如果实验中遇到了困难或电路出现了故障，写下你的经验教训。

八、思考题

1．根据图 3.68 所示实验结论，试分析 Q_A、Q_B、Q_C、Q_D、Q_{cc} 分别与 CP 的分频关系。

2．试画出八位数码管的动态显示逻辑电路图。

3．用 BCD 码七段译码显示器驱动数码管，是否要在译码器与数码管之间串接电阻，为什么？如果需要，电阻值应该如何计算？取值大约多少？

4．交通信号灯控制电路中，由集电极开路六非门 74LS05 构成三个已预置的译码驱动电路。该电路推动三极管使红黄绿指示灯依次发光，实现交通灯信号控制。试找出对应输入的 BCD 码。若利用 74LS05 构成一个预置码为 0110 的译码器，应该怎样连接？画出电路图。

附：数据选择和译码显示实验底板实物图，见图 3.69。

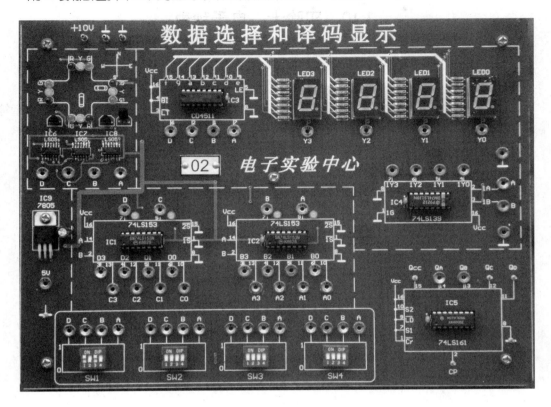

图 3.69 数据选择和译码显示实验底板实物图

3.10 实验十 电子秒表

一、实验目的

1. 学习数字电路中基本 RS 触发器、单稳态触发器、时钟发生器及计数、译码显示等单元电路的综合应用。
2. 掌握电子秒表的工作原理。
3. 进行小型数字综合系统的初步训练。
4. 掌握调试电路、排除电路故障的正确方法。

二、实验仪器与器材

1. 直流稳压电源 1 台
2. 双踪示波器 1 台
3. 数字逻辑实验箱 1 台
4. 数字频率计 1 台
5. 集成电路 74LS90×3，74LS92×1，74LS00×2，NE555×1 ，CD4511×4
6. 电位器、电阻、电容若干

三、预习要求

1. 复习数字电路中的 RS 触发器、单稳态触发器、时钟发生器及计数器等。
2. 除了本实验中所采用的时钟源外，选用另外两种不同类型的时钟源，可供本实验用。
3. 画出电路图，选取元器件。
4. 列出电子秒表单元电路的测试表格。
5. 列出调试电子秒表的步骤。

四、实验原理

1. 设计指标

（1）数字式秒表实现简单的计时与显示，按下启动键清零并开始计时，按下停止键，计时停止。

（2）具有"分"（0～9）、"秒"（00～59）、"十分之一秒"（0～9）数字显示，分辨率为 0.1 秒。计时范围从 0 分 0 秒 0 到 9 分 59 秒 9。

由于显示的时间的最小单位是 0.1 秒，所以选取计时模块的时间脉冲为 10Hz。

2. 电子秒表的构成

图 3.70 所示为电子秒表的构成框图。利用 555 设计一个多谐振荡器，其产生的秒脉冲触发 74LS90 计数，计时部分的计数器由分频、0.1 秒位、秒个位、秒十位和分个位五个计数器组成，最后通过 CD4511 译码在数码管上显示输出。由启动和停止电路控制启动和停止秒表。

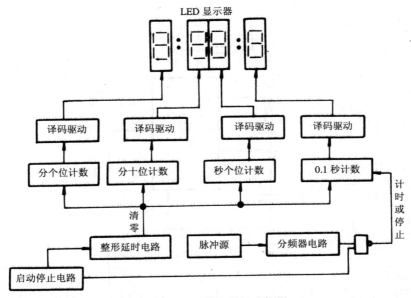

图 3.70　电子秒表的组成框图

（1）脉冲源。用 555 定时器构成的多谐振荡器，是一种性能较好的时钟源。输出端产生频率为 50Hz 的矩形波信号。

（2）分频器电路。分频器电路将 50Hz 的矩形波信号经五次分频后得到 10Hz 的方波信号供秒计数器进行计数。分频器实际上也就是计数器。

（3）启动和停止电路。按下启动键，秒表开始清零计时。按下停止键，计时停止。

基本 RS 触发器为启动和停止秒表提供控制信号。

（4）脉冲整形电路。将启动和停止电路输出的不规则脉冲整形为具有一定幅度和一定宽度的脉冲，为计数器提供清零信号。本设计用微分型单稳态触发器实现。

（5）时间计数器电路。时间计数电路由 0.1 秒位计数器及秒个位和秒十位计数器及分个位计数器电路构成，其中秒个位和秒十位计数器构成 60 进制计数器，0.1 秒位和分个位为 10 进制计数器。

（6）译码驱动电路。译码驱动电路将计数器输出的 8421BCD 码转换为数码管需要的逻辑状态，并且为保证数码管正常工作提供足够的工作电流。

（7）数码管。数码管通常有发光二极管（LED）数码管和液晶（LCD）数码管，本设计提供的为 LED 数码管。

3．电子秒表的工作原理

1）脉冲源电路

多谐振荡器也称为无稳态触发器，它没有稳定状态，同时无须外加触发脉冲，就能输出一定频率的矩形脉冲（自激振荡）。用 555 实现多谐振荡，需要外接电阻 R_1、R_2 和电容 C。

其电路如图 3.71 所示。

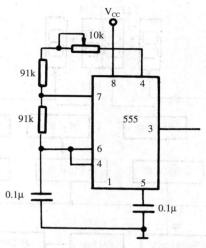

图 3.71　555 构成多谐振荡器电路

2) 分频器电路

道常，数字钟的晶体振荡器输出频率较高，为了得到 0.1Hz 的秒信号输入，需要对振荡器的输出信号进行分频。需要设计一个五进制计数器，对频率为 50Hz 的时钟脉冲进行五分频，正输出端 Q_D 取得周期为 0.1 秒的矩形脉冲，作为时间计数单元的时钟输入。用集成异步计数器 74LS90 实现，其电路如图 3.72 所示。

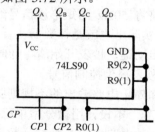

图 3.72　74LS90 构成五进制计数器

3) 时间计数单元

时间计数单元有分计数、秒计数和 0.1 秒计数等几个部分。

要实现 0.1 秒计数，需要设计一个 10 进制计数器；要实现秒计数，需要设计一个 60 进制计数器；要实现分计数，需要设计一个 10 进制计数器，这里选用 74LS90 实现。

集成异步计数器 74LS90（见图 3.73）简介。

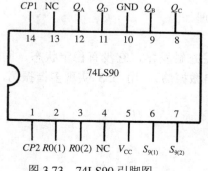

图 3.73　74LS90 引脚图

表 3.24　74LS90 功能表

输入					输出				功能
清　0		置　9		时　钟		输　出			
$R_0(1)$、$R_0(2)$		$S_9(1)$、$S_9(2)$		CP_1	CP_2	Q_D	Q_C　Q_B　Q_A		功　能
1　1		0　× / ×　0		×	×	0	0　0　0		清　0
0　× / ×　0		1　1		×	×	1	0　0　1		置　9
0　× / ×　0		0　× / ×　0		↓	1	Q_A 输出			二进制计数
				1	↓	$Q_DQ_CQ_B$ 输出			五进制计数
				↓	Q_A	$Q_DQ_CQ_BQ_A$ 输出 8421BCD 码			十进制计数
				Q_D	↓	$Q_AQ_DQ_CQ_B$ 输出 5421BCD 码			十进制计数
				1	1	不　变			保　持

74LS90 是异步二 - 五 - 十进制加法计数器，它既可以作二进制加法计数器，又可以作五进制和十进制加法计数器。图 3.73 为 74LS90 引脚排列，表 3.24 为功能表。

通过不同的连接方式，74LS90 可以实现四种不同的逻辑功能；而且还可借助 $R_0(1)$、$R_0(2)$ 对计数器清零，借助 $S_9(1)$、$S_9(2)$ 将计数器置 9。其具体功能详述如下：

（1）计数脉冲从 CP_1 输入，Q_A 作为输出端，为二进制计数器。

（2）计数脉冲从 CP_2 输入，$Q_DQ_CQ_B$ 作为输出端，为异步五进制加法计数器。

（3）若将 CP_2 和 Q_A 相连，计数脉冲由 CP_1 输入，Q_D、Q_C、Q_B、Q_A 作为输出端，则构成异步 8421 码十进制加法计数器。

（4）若将 CP_1 与 Q_D 相连，计数脉冲由 CP_2 输入，Q_A、Q_D、Q_C、Q_B 作为输出端，则构成异步 5421 码十进制加法计数器。

（5）清零、置 9 功能。

异步清零

当 $R_0(1)$、$R_0(2)$ 均为"1"；$S_9(1)$、$S_9(2)$ 中有"0"时，实现异步清零功能，即 $Q_DQ_CQ_BQ_A=0000$。

置 9 功能

当 $S_9(1)$、$S_9(2)$ 均为"1"；$R_0(1)$、$R_0(2)$ 中有"0"时，实现置 9 功能，即 $Q_DQ_CQ_BQ_A=1001$。

十分之一秒计数器和分计数器是十进制，所以只需要将 74LS90 接成十进制即可。电路图如图 3.74 所示。

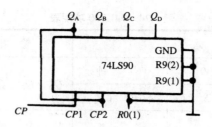

图 3.74　74LS90 构成十进制计数器

74LS90 是二—五十进制计数器，所以设计一个 60 进制秒计数器要用两个 74LS90，当计数状态一到 01011001 立即清零。但是用 90 实现六进制时须将 $Q_C Q_A$ 分别接 R_0（1）、R_0（2），这样由启动停止电路输出的信号就无法接到 R_0（1）、R_0（2）处控制。所以本设计中改用 74LS92 实现六进制计数。

2/6 分频异步加法计数器 74LS92 简介

74LS92 内部是由 4 个主从触发器和用作除 2 计数器及计数周期长度为除 6 的 3 位 2 进制计数器所用的附加选通所组成。为了利用本计数器的最大计数长度（十二进制），可将 B 输入同 Q_A 输出连接，输入计数脉冲可加到输入 A 上，此时输出如功能表 3.25 和表 3.26 所示。74LS92 的引脚见图 3.75。

表 3.25　74LS92 复位计数功能表

复位输入		输出			
$R0$（1）	$R0$（2）	Q_D	Q_C	Q_B	Q_A
H	H	L	L	L	L
X	L	计数（COUNT）			
L	X	计数（COUNT）			

注：H=高电平　L=低电平　X=不定

表 3.26　74LS92 计数顺序表

计数	输出			
	QD	QC	QB	QA
0	L	L	L	L
1	L	L	L	H
2	L	L	H	L
3	L	L	H	H
4	L	H	L	L
5	L	H	L	H
6	H	L	L	L
7	H	L	L	H
8	H	L	H	L
9	H	L	H	H
10	H	H	L	L
11	H	H	L	H

注：输出 QA 与输入 B 相连接

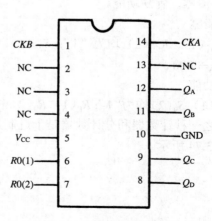

图 3.75　74LS92 引脚图

所以六十进制计数器电路图如图 3.76 所示。用 74LS90 构成的 10 进制计数器和 74LS92 构成的 6 进制计数器相级联。

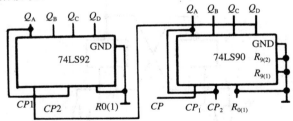

图 3.76　74LS92 及 74LS90 构成六十进制计数器

4）译码驱动及显示单元

计数器实现了对时间的累计，以 8421BCD 码形式输出，为了将计数器输出的 8421BCD 码显示出来，需用显示译码电路将计数器的输出数码转换为数码显示器件所需要的输出逻辑和一定的电流，一般这种译码器通常称为 7 段译码显示驱动器。

本设计用的 CD4511 是用于驱动共阴 LED 显示器的 BCD-8421 码七段译码器。本设计中用了 4 个 CD4511，可分别显示 0.1～0.9 秒；00～59 秒；0～9 分计时。

5）脉冲整形电路单元

将启动和停止电路输出的不规则脉冲整形为具有一定幅度和一定宽度的脉冲，为计数器提供清零信号。启动和停止电路单元的按钮按下，则此电路输出一个持续时间一定的有效信号（正脉冲）。在此期间，即使按钮有几个连续的负脉冲，但电路输出仍保持高电平，从而将按钮的抖动屏蔽掉。

本设计用微分型单稳态触发器实现。电路图和波形图如图 3.77、图 3.78 所示。

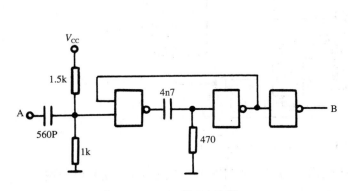

图 3.77　单稳态触发器电路图

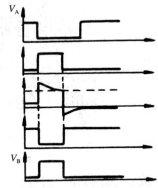

图 3.78　单稳态触发器波形

6）启动和停止电路单元

用集成与非门构成的基本 RS 触发器作为启动和停止秒表工作的电路。它的一路输出 $\overline{Q}$ 作为单稳态触发器的输入用以提供计数器的清零信号，另一路输出 Q 作为与非门 IC1 的 4 脚输入控制信号用以提供计数器的计数脉冲信号。按一下启动按钮，$Q=1$，$\overline{Q}=0$，则计数器清零后便开始计时，如不需要计时或暂停计时，按一下停止按钮，$Q=0$，$\overline{Q}=1$，计时即停止。

电路图如图 3.79 所示。

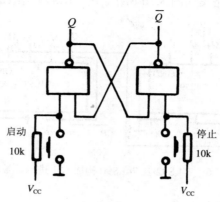

图 3.79　RS 触发器电路

电路连接如图 3.80 所示。

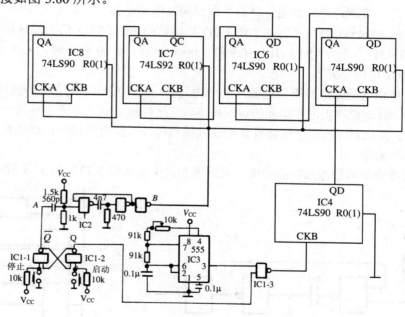

图 3.80　电子秒表电路连接图

按下停止按钮，则与非门 IC1-1 输出 $\overline{Q}$=1，与非门 IC1-2 输出 Q=0；松开停止按钮，Q、$\overline{Q}$ 状态保持不变。再按下启动按钮，则 Q 由 0 变为 1，与非门 IC1-3 开启，为计数器启动做好准备。$\overline{Q}$ 由 1 变 0，送出负脉冲，启动单稳态触发器工作，通过非门加到计数器的清零端 R_0（1），为计数器提供清零信号。555 输出 50Hz 的矩形波信号送 IC4 经五分频，在 IC4 的 Q_D 端取得周期为 0.1 秒的矩形脉冲，作为计数器 IC5 的时钟输入。IC5、IC6、IC7、IC8 依次接成 8421 码十进制、六十进制、十进制计数器，其输出与译码显示单元的相应输入端连接，可显示 0.1～0.9 秒、00～59 秒和 0～9 分计时。如不需要计时或暂停计时，按一下停止按钮，与非门 IC1-3 关闭，计时立即停止，但数码管保留所计时之值。

五、实验任务及要求

（一）基础性实验

实验时，应按照实验任务的次序，将各单元电路逐个进行接线和调试，即分别测试基本RS 触发器、单稳态触发器、时钟发生器及计数器的逻辑功能，待各单元电路工作正常后，再将有关电路逐级连接起来进行测试……直到测试电子秒表整个电路的功能。

这样的测试方法有利于检查和排除故障，保证实验顺利进行。

1. 与非型基本 RS 触发器的测试

测试并记录基本 RS 触发器的真值表。

注意：Q 和 $\overline{Q}$ 为何值时计数器开始计数？又为何值时计数器停止计数？计数器清零信号是如何产生的？

2. 单稳态触发器的测试

输入端接 1kHz 连续脉冲，用示波器观察并描绘 A 点、B 点的波形，记录波形的周期和脉宽。

3. 时钟发生器的测试

用示波器观察输出电压波形并测量其频率，调节 R_{W1}，使输出矩形波频率为 50Hz。

4. 计数器的测试

（1）计数器 IC4 接成五进制形式，R_0（1）接地，CKB 接 1Hz 的 TTL 信号，$Q_D \sim Q_B$ 接实验板上译码显示输入端 C、B、A，测试并记录其逻辑功能。

（2）计数器 IC5 接成十进制形式，如（1）所述测试并记录其逻辑功能。

（3）计数器 IC7 接成六进制形式 Q_A，CKA 接 1kHz 连续脉冲，用双踪示波器测试并记录其输出波形图（CKA 和 Q_A、Q_A 和 Q_B、Q_B 和 Q_C 两两对应观察）。

（4）将计数器 IC6、IC7 级联成 60 进制计数器，如（1）所述测试并记录其逻辑功能。

5. 电子秒表的整体测试

各单元电路测试正常后，按总图把几个单元电路连接起来，进行电子秒表的总体测试。

先按一下停止按钮，此时电子秒表不工作，再按一下启动按钮，则计数器清零后便开始计时，观察数码管显示计数情况是否正常，如不需要计时或暂停计时，按一下停止按钮，计时立即停止，但数码管保留所计时之值。

6. 电子秒表准确度的测试

利用电子钟或手表的秒计时或用频率计对电子秒表进行校准。

电子秒表实验面板图见图 3.81。

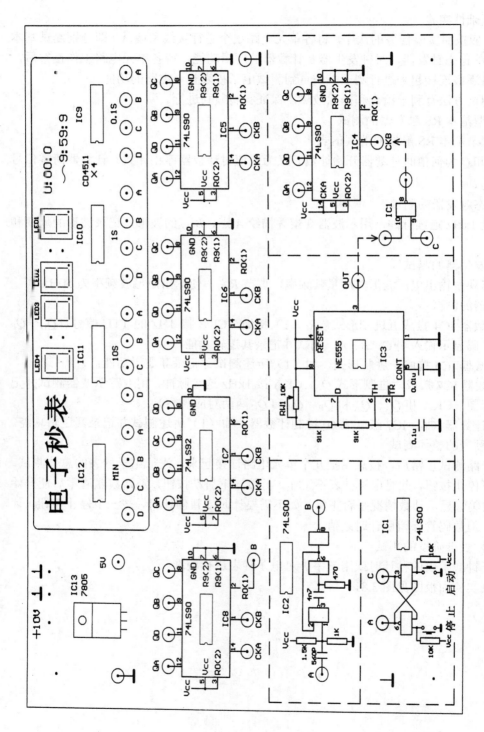

图 3.81 电子秒表实验面板图

注：此图中的 CKA 即原理图中的 CP_1，CKB 即原理图中的 CP_2。

（二）设计性实验

1．设计任务

（1）试用 CPLD/FPGA 实现电子秒表电路的设计。

（2）试用 Multisim 对电子秒表各功能模块进行仿真。

2．设计要求

（1）按照实验要求设计电路，确定元器件型号和参数；

（2）根据所选器件画出电路图；

（3）写出实验步骤和测试方法，设计实验记录表格；

（4）进行安装、调试及测试，排除实验过程中的故障；

（5）分析、得出实验结论。

六、思考题

1．时钟发生器除了用 555 实现以外，还可以有哪些方案？

2．试画出用一片 74LS90 实现七进制计数的电路原理图。

七、实验报告

1．总结电子秒表整个调试过程。

2．分析调试中发现的问题及故障排除方法。

附：电子秒表实验底板实物图，见图 3.82。

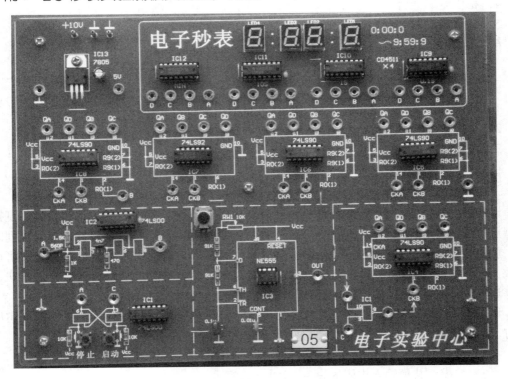

图 3.82　电子秒表实验底板实物图

第四章　模拟电路实验

4.1　实验十一　集成运算放大器的特性研究

一、实验目的

1．了解集成运算放大器的基本特性。
2．掌握集成运算放大器的正确使用方法。
3．掌握集成运放比例运算电路的调试和实验方法。
4．应用正弦测试方法和示波器测量技术对运放的运算关系进行研究。

二、实验仪器与器材

1．实验电路板 1 块
2．双踪示波器 1 台
3．晶体管毫伏表 1 台
4．稳压电源一台
5．函数发生器 1 台
6．数字万用表 1 台

三、预习要求

1．复习有关集成运放工作、使用的有关知识。
2．掌握用集成运放构成信号放大及模拟运算电路的基本原理。
3．按实验任务要求，设计相应的实验步骤及实验表格。

四、实验原理

运算放大器是具有两个输入端、一个输出端的高增益、高输入阻抗、低漂移的直接耦合型放大器。在它的输入端和输出端之间加上反馈网络，改变反馈元件类型及其排列的方法，就可以实现各种不同的模拟运算功能，如反馈网络为线性电路时，运算放大器可以实现放大、加、减、微分和积分等；如反馈网络为非线性电路时，可以实现对数、乘法、除法等运算功能；另外还可以组成各种波形产生电路，如正弦波、三角波、脉冲波等。

集成运算放大器是人们对"理想放大器"的一种实现。一般在分析集成运放的实用性能时，为了方便，通常认为运放是理想的，即具有如下的理想参数：

（1）开环电压增益 $A_{vd}=\infty$；

（2）差模、共模输入电阻 $R_{id}=\infty$，$R_{ic}=\infty$；

（3）输出电阻 $R_o=0$ ；

（4）开环带宽 $\mathrm{BW}=\infty$ ；

（5）共模抑制比 $K_{\mathrm{CMR}}=\infty$ ；

（6）失调电压、失调电流 $V_{\mathrm{io}}=0$ ，$I_{\mathrm{io}}=0$ 。

从这些理想特性又导出运放的两个重要的附加性能：

（1）差模输入电压为零：$V_+=V_-$ 。

（2）流入两个输入端的电流为零：$I_{\mathrm{in}}=0$ 。

（一）集成运放的基本组态

由于集成运放有两个输入端，因此按输入接入方式不同，可有两种基本放大组态，即反相放大器组态和同相放大器组态。另外，有前两种组态组合而成的另一种基本组态——差动放大组态，它们是构成集成运放系统的基本单元。

1．反相比例放大器。

电路如图 4.1 所示，当开环增益为 ∞ 时，反相比例放大器的闭环增益为：

$$A_{\mathrm{vf}}=-\frac{R_{\mathrm{F}}}{R_1}$$

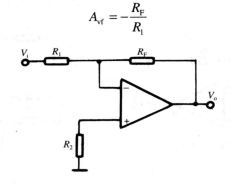

图 4.1 反相比例放大器

由上式可知，选用不同的电阻比值 $\dfrac{R_{\mathrm{F}}}{R_1}$ ，A_{vf} 大于 1，也可以小于 1。若取 $R_{\mathrm{F}}=R_1$ ，则放大器的输出电压等于输入电压的负值，也称为反相跟随器。

2．同相比例放大器。

电路如图 4.2 所示，当开环增益足够大时，同相比例放大器的闭环增益为：

$$A_{\mathrm{vf}}=1+\frac{R_{\mathrm{F}}}{R_1}$$

由上式可见，A_{vf} 恒大于 1。若 $R_1 \rightarrow \infty$ ，此时 A_{vf} 为 1，于是同相放大器就转变为跟随器，如图 4.3 所示。

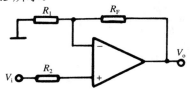
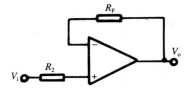

图 4.2 同相比例放大器　　　　图 4.3 电压跟随器

（二）信号模拟运算电路

集成运放最广的应用领域是信号处理，电路对输入信号进行"加工"，产生出一定程度上有别于原输入信号的新信号。一般有信号加、减运算、积分、微分、整流、削波、对数或反对数运算、相移、滤波等多种功能。此处介绍简单的几种信号处理电路。

1. 加法器

实现模拟信号按比例进行代数相加是信号运算中经常遇到的一个问题。完成这一运算的有反相加法器和同相加法器电路。图 4.4 所示为反相加法器电路，n 个模拟信号 $V_{i1}\cdots$，V_{in} 分别通过电阻 $R_1\cdots$，R_n 加到运放的反相输入端，利用反相放大器求和点的虚地特性，可知输出电压为：

$$V_o = -R_F\left(\frac{V_{i1}}{R_1} + \frac{V_{i2}}{R_2} + \cdots + \frac{V_{in}}{R_n}\right)$$

若 $R_1 = R_2 = \cdots = R_n$，上式可简化为：

$$V_o = -\frac{R_F}{R_1}(V_{i1} + V_{i2} + \cdots + V_{in})$$

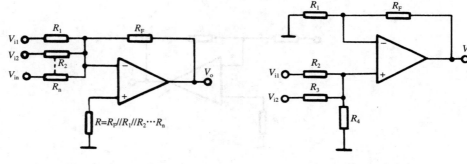

图 4.4　反相加法器　　　　　　　　图 4.5　同相加法器

图 4.5 所示为同相加法器，这时可利用叠加原理，先求得输入信号在同相输入端的信号，然后按同相放大求出输出电压，对该电路输出电压为：

$$V_o = (1 + \frac{R_F}{R_1})\left[\frac{R_3//R_4}{R_2 + (R_3//R_4)}V_{i1} + \frac{R_2//R_4}{(R_2//R_4) + R_3}V_{i2}\right]$$

2. 减法器

减法器实际上就是差动放大电路，是由反相放大和同相放大组态结合而成的。集成运放在两个输入端同时输入信号的情况下，在输出端得到的是两个模拟相减的信号，电路如图 4.6 所示，当运算放大器开环增益足够大时，输出电压 V_o 为：

$$V_o = -\frac{R_F}{R_1}V_{i1} + (1 + \frac{R_F}{R_1})(\frac{R_3}{R_2 + R_3}) \cdot V_{i2}$$

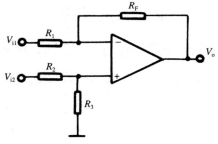

图 4.6 减法器电路

此电路的外围元件在选择时有一定的要求，为了减少误差，所用元件必须对称。除了要求电阻值严格匹配外，对运放还要求有较高的共模抑制比，否则将会产生较大的运算误差。一般要求，$R_1=R_2$，$R_3=R_F$。

3．积分器

基本反相积分电路是反相放大器的变形电路，如图 4.7 所示，反馈元件是一个电容，输入电压 V_i 加到 R_1 上，产生电流，得到输出积分电压：

$$V_o(t) = -\frac{1}{R_1C}\int_0^t V_i(t)\mathrm{d}t + V_o(0)$$

为减小输出端的直流漂移，可将 R_F 与 C 并联，成为反相比例积分器电路，如图 4.8 所示，其传递函数为：

$$A_V(S) = -\frac{R_F}{R_1}(\frac{1}{1+\omega R_F C})$$

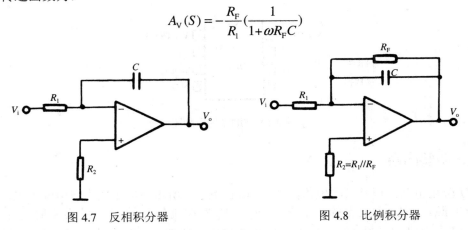

图 4.7 反相积分器   图 4.8 比例积分器

当 $\omega R_F C \ll 1$ 时，电路实现比例放大；当 $\omega R_F C \gg 1$ 时，电路实现积分运算，积分时间常数为 R_1C。当输入电压 $V_i(t)$ 为矩形波时，则 $V_o(t)$ 为三角波，若 R_1C 太大，则 V_o 幅度小；若 R_1C 小，则输出值将超出放大器动态范围而产生削波。

4．微分器

微分运算是积分运算的逆运算，同样也是反相放大器的变形电路。电容放在输入电路中，输入电流与输入电压的变化速率成正比。图 4.9（a）是基本微分运算电路，其输出电压为：

$$V_o(t) = -R_F C \frac{dV_i(t)}{dt}$$

当输入信号 $V_i(t)$ 是三角波时，则输出 $V_o(t)$ 是矩形波。此电路高频增益极大，易引入高频干扰和自激，故在 C 端串入一小电阻 R_1 使高频放大倍数固定为 $A_{vf} = -\dfrac{R_F}{R_1}$，这种电路为比例微分器，如图4.9（b）所示。

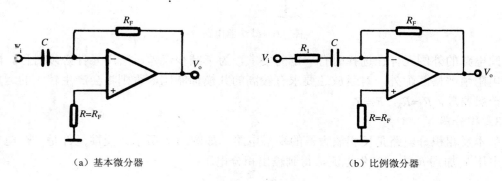

（a）基本微分器　　　　　　　　　　　（b）比例微分器

图 4.9　微分器

这种比例微分器与比例积分器相结合可组成自动控制系统中广泛使用的比例-积分-微分器，以改善系统的调节质量。

通用集成运放 OP07 的外观引脚图，如图4.10所示。

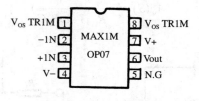

图 4.10　OP07 的引脚图

五、实验内容

本实验用电路面板及实物电路图如图 4.11 所示，所用集成运放为双电源供电，提供±12V 的电源。实验底板上的 V_1、V_2、V_3、V_4 为直流信号输出，供实验时选用，其中 $V_1 = +1.4\,V$，$V_2 = +0.7\,V$，$V_3 = -1\,V$，V_4 可通过电位器调节，输出的直流电压范围为 $-2\,V \sim +2V$。

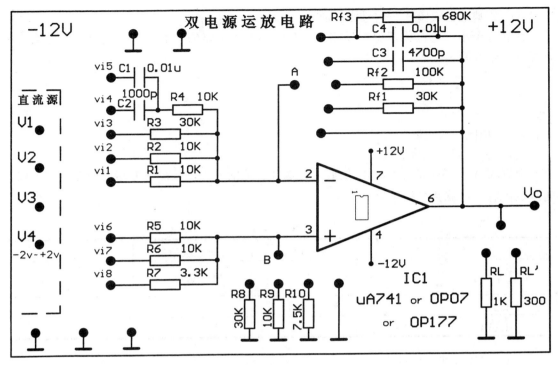

（a）集成运放实验电路面板图

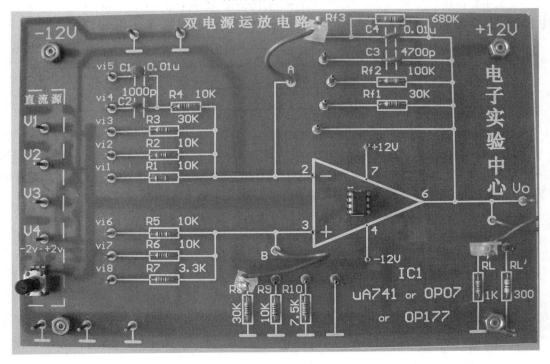

（b）集成运放实验电路实物图

图 4.11

（一）基础性实验——信号比例放大

回答一个小问题：你还记得反相放大和同相放大电路的增益计算公式吗？写出来，你就可以开始实验了。

1. 反相比例放大器

（1）直流反相比例放大

根据表 4.1 中对放大倍数 A_{vf} 的要求，选择合适的元件，按图 4.1 接好电路，完成要求的测试内容，计算并分析结果。

表 4.1

测 试 条 件		输出电压	实测放大倍数	相对误差
V_i	A_{vf}	V_o	A'_{vf}	$\gamma = \dfrac{A'_{vf} - A_{vf}}{A_{vf}}\%$
+1.4V	−3			
−1.0V	−10			

（2）交流反相比例放大

根据实验电路板所列元件，实现 $U_o(t) = -3.3U_I(t)$，要求 $U_I(t) = 2\cos 2000\pi t(\text{V})$。正确选择电路元件，观测并记录输入、输出波形，分析结果，填入表 4.2 中。

表 4.2

输入电压（V）	输出电压（V）	R_F	R_1	波 形 图
$U_I(t) = 2\cos 2000\pi t$				

2. 反相放大器幅频特性的测试

按图 4.1 接好电路，选择 $R_F = 100\,\text{k}\Omega$，$R_1 = 10\,\text{k}\Omega$，$R_2 = 10\,\text{k}\Omega$。用函数发生器输出正弦信号，使放大器输入信号 $U_i = 0.1$（V），改变信号频率，测量输出电压 U_o，确定半功率频率点 f_H，记录数据，用坐标纸画出幅频特性曲线，填入表 4.3。

表 4.3

信号频率 f	输出电压 U_o	幅频特性曲线
100Hz		
1kHz		
5kHz		
10kHz		
f_H（　　）		
$2f_H$		
$10f_H$		

3．同相比例放大器的研究

（1）直流同相比例放大

根据表 4.4 中对放大倍数 A_{vf} 的要求，选择合适的元件，按图 4.2 接好电路，完成要求的测试内容，计算分析结果。

表 4.4

测　试　条　件		输出电压	实测放大倍数	相对误差
V_i	A_{vf}	V_o	A'_{vf}	$\gamma = \dfrac{A'_{vf} - A_{vf}}{A_{vf}}\%$
+1.4V	4			
0.7V	11			

（2）交流同相比例放大

根据图 4.2 所示，实现 $U_o(t) = 2U_i(t)$，要求 $U_i(t) = 2\cos 2000\pi t$（V）。观测并记录输入输出波形，分析结果，填入表 4.5 中。

表 4.5

输入电压（V）	输出电压（V）	R_F	R_1	波　形　图
$U_i(t) = 2\cos 2000\pi t$				

4．电压跟随器的研究

按图 4.3 连接电路，完成表 4.6 的测试，分析结果。

表 4.6

输入 U_I		+1.4V	−1.5 V	$\cos 2000\pi t$
输 出	理论值 U_o			
	实测值 U'_o			
$\gamma = \dfrac{U'_o - U_o}{U_o}\%$				

（二）基础性实验——信号模拟运算

1．加法运算

（1）反相加法运算

a．按图 4.4 连接电路，取 $R_1 = R_2 = 10\,k\Omega$，$R_F = 100\,k\Omega$，$R = 10\,k\Omega$。计算 $V_{i\Sigma}$，测试输出电压 V_o，记录数据于表 4.7 中，分析测试结果。

表 4.7

V_{i1}（V）	V_{i2}（V）	$V_{i\Sigma}$（V）	V_o（V）
+0.7	−1.0		

b. 按图 4.4 连接电路，取 $R_1 = R_2 = R_4 = 10\,\mathrm{k\Omega}$，$R_F = 100\,\mathrm{k\Omega}$，$R = 3.3\,\mathrm{k\Omega}$。按照表 4.8 的要求输入信号，用示波器测量输出信号，用坐标纸正确描绘输出波形。

表 4.8

电压参数		输 出 波 形
V_{i1}	+0.7V	
V_{i2}	−1.0 V	
V_{i4}	$0.5\cos 2000\pi t$（V）	
$V_{i\Sigma}$		
V_o		

（2）同相加法器

按图 4.5 连接电路，取 $R_F = 30\,\mathrm{k\Omega}$，$R_1 = 10\,\mathrm{k\Omega}$，$R_2 = R_3 = 10\,\mathrm{k\Omega}$，$R_4 = 7.5\,\mathrm{k\Omega}$。计算 $V_{i\Sigma}$，测试输出电压 V_o，画出输出波形，记录于表 4.9 中，分析测试结果。

表 4.9

V_{i6}	V_{i7}	V_{iS}	V_o	输 出 波 形
+1.4V	+0.7V			
−1.0 V	$\cos 2000\pi t$（V）			

2. 减法运算（差动运算）

按图 4.6 连接电路，取 $R_F = 30\,\mathrm{k\Omega}$，$R_1 = R_2 = 10\,\mathrm{k\Omega}$，$R_3 = 30\,\mathrm{k\Omega}$，完成表 4.10 的测量。

表 4.10

V_{i1}（V）	V_{i2}（V）	输出电压		误差 $\gamma = \dfrac{V_o' - V_o}{V_o}(\%)$
		理论值 V_o（V）	实测值 V_o'（V）	
+1.4	+0.7			
+0.7	$0.3\cos 2000\pi t$（V）			

3. 积分运算

将电路按图 4.8（b）所示连接成反向积分器，取 $R_F = 680\,\mathrm{k\Omega}$，$R_1 = 30\,\mathrm{k\Omega}$，$R_2 = 30\,\mathrm{k\Omega}$，$C = 0.01\,\mathrm{\mu F}$。设置输入信号 $U_i(t)$ 为周期 $T=0.5\mathrm{ms}$、峰-峰值 $U_{P\text{-}P}=2\mathrm{V}$、占空比 50% 的方波。观测输入、输出波形，在同一坐标系上定量画出 $U_i(t)$、$U_o(t)$ 波形，并分析结果。

4. 微分运算

按图 4.9（b）连接电路，选择 $R_F = 100\,\mathrm{k\Omega}$，$R_1 = 10\,\mathrm{k\Omega}$，$R = 10\,\mathrm{k\Omega}$，$C = 1\,000\mathrm{pF}$。设置输入信号 $U_i(t)$ 为周期 $T=0.25\mathrm{ms}$、峰-峰值 $U_{P\text{-}P}=2\mathrm{V}$ 的三角波。观测输入、输出波形，在同一坐标系上定量画出 $U_i(t)$、$U_o(t)$ 波形，并分析结果。

六、实验中的常见故障及解决办法

1．反向输入连线时，常会忽略同相端需要接地。
2．同向输入连线时，计算反馈元件值时，会取错元件。

七、实验报告要求

1．完成实验表格中的测试、计算，分析结果，用坐标纸正确描绘波形图；
2．总结用运放构成信号放大和模拟运算电路的方法，说明电路参数的确定主要由哪些因素决定；
3．分别说明产生误差的原因；
4．回答思考题。

八、思考题

1．实验发现，当 R_F 较大以后，V_0 不再随 R_F 的增加而增大，且输出交流波形限幅。试说明原因。
2．试分析比较反相放大器和同相放大器性能的异同。
3．反向加法器中，当 $n=4$ 且四个输入量按 $V_{i1}:V_{i2}:V_{i3}:V_{i4}=4:3:2:1$ 组合，并分别为有、无（即至少有一个输入量），若 A_{vf} 均为 1。试问：V_0 的变化范围是多少？如何实现这个电路？

4.2　实验十二　集成运放波形产生电路

一、实验目的

1. 验证集成运放波形产生电路的原理。
2. 熟悉常用的集成运放波形产生电路。
3. 掌握集成运放构成正弦波、方波和锯齿波的工作原理和性能指标的测试方法。

二、实验仪器与器材

1. 实验电路板一块
2. 双踪示波器 1 台
3. 稳压电源一台

三、预习要求

1. 复习模拟电路教科书中集成运放的有关知识。
2. 掌握集成运放波形产生电路的基本原理。
3. 认真阅读该实验指导书，设计实验据记录表格。

四、实验原理

1. RC 桥式正弦波振荡电路工作原理。

利用 RC 串并联选频网络构成的正弦波振荡实验电路如图 4.12 所示。

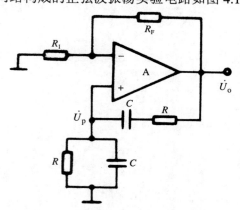

图 4.12　RC 串并联式正弦波振荡电路

图 4.12 中 R_1、R_F 和集成运放组成基本放大器，RC 串并联选频网络组成反馈网络将输出信号的一部分正反馈到输入端。可以证明：满足振荡器相位条件的输出信号频率为 $f_0 = 1/2\pi RC$，而振幅条件为 $R_F \geqslant 2R_1$。故该电路输出正弦波的频率为：

$$f_0 = \frac{1}{2\pi RC}$$

由上式可见，改变 R 或 C，便可以改变输出正弦波的频率。

观察电路，负反馈网络 R_1 和 R_f 以及正反馈网络串联的 R 和 C，并联的 R 和 C 各为一臂组成一电桥电路，如图 4.13 所示，故该电路称为 RC 桥式正弦波振荡电路。

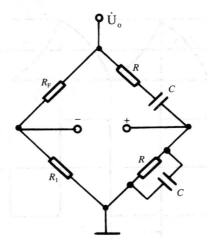

图 4.13 RC 桥式正弦波振荡电路

2. 占空比可调方波形成电路。

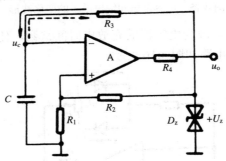

图 4.14 方波形成电路

方波电压只有高电平和低电平两种状态。图 4.14 所示是一个基本的方波形成电路，它由反相输入的滞回比较器和 RC 电路组成。RC 回路既作为延迟环节，又作为反馈网络，通过 RC 充放电实现输出高低电平的自动转换。

图 4.14 中滞回比较器的输出电压 $\boldsymbol{u_o}=\pm U_Z$，阈值电压为

$$\pm U_T = \pm \frac{R_1}{R_1+R_2} \times U_Z$$

当输出电压为 $+U_Z$ 时，同相输入端电位 $u_p=+U_T$。输出电压 u_o 通过 R_3 向电容 C 正向充电，如图 4.14 中实线箭头所示。随着时间上升，电容电压即运放反相输入电压不断上升。当该电压稍大于 $+U_T$ 时，集成运放输出电压迅速变为 $-U_Z$，同时同相输入端电

位 u_p 从$+U_T$跃变为$-U_T$。随后，电容器通过 R_3 放电，如图 4.14 中虚线所示。随着放电不断进行，电容电压即反相输入端电压不断下降。当该电压一旦稍小于$-U_T$时，输出电压便以$-U_Z$跃变到$+U_Z$，电容又开始被正向充电。新的一轮变化又开始，电路周而复始地变化，自激振荡产生方波输出。电容电压和输出电压的变化波形如图 4.15 所示。

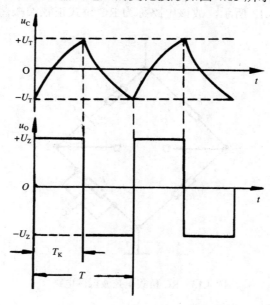

图 4.15　电容电压和输出电压的变化波形

从以上分析可以看出，若改变电容器的充放电时间常数，便可以改变输出方波的占空比。占空比可调的方波产生电路如图 4.16 所示。

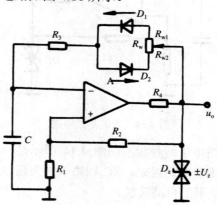

图 4.16　方波产生电路

由图 4.16 可见，电容的充电回路为 R_{w1}，D_1，R_3 和 C，而放电的回路为 C，R_3，D_2 和 R_{w2}。调节电位器 R_w，可得到不同的 R_{w1} 和 R_{w2}，从而得到不同的充放电时间常数以及占空比不同的输出方波。

由电路分析可得输出方波周期计算公式如下：

$$T = (R_\mathrm{W} + 2R_3)C\ln(1 + \frac{2R_1}{R_2})$$

3. 锯齿波形成电路。

锯齿波形成电路可以由三角波形成电路演变而成。图 4.17 所示是一个三角波形成电路。

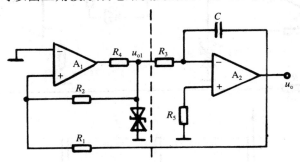

图 4.17　三角波形成电路

图 4.17 中虚线左边为一同相输入滞回比较器，右边为积分运算电路。滞回比较器的输出 u_{o1} 只有高电平和低电平两种状态。当 u_{o1} 为高电平时，该电压通过 R_3 对电容器 C 充电，积分器输出电压 u_o 线性下降；当 u_{o1} 为低电平时，电容器 C 通 R_3 放电，积分器的输出电压线性上升。两电压的波形图如图 4.18 所示。

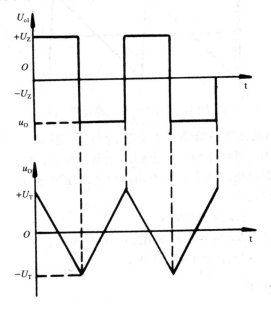

图 4.18　输出波形图

由图 4.18 可见，积分器的输出电压 u_o 便是一个三角波。如果改变积分器的正向和反向积分的时间常数，使两者不等，那么积分器输出电压 u_o 上升和下降的斜率便不同，这样就可得到一个锯齿波电压。在积分器的 R_3 和电容器 C 充放电回路中加入一对二极管和一个电位器 R_W，调节电位器 R_W，便可使积分器的正反向积分的时间常数不等，从而得到不同的锯齿波。其电路图和相应的波形图如图 4.19 所示。

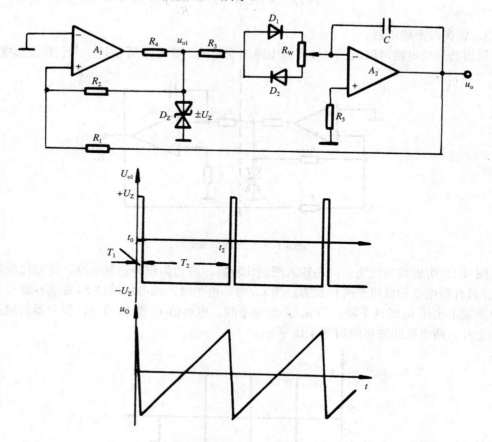

图 4.19　锯齿波产生电路及波形图

　　由图 4.19 可见，当滞回比较器输出为高电平时，充电回路为 R_3、D_1、R_W 上部和电容器 C；当滞回比较器输出为低电平时，放电回路为电容器 C、R_W 下部，D_2 和 R_3。只要 R_W 的上、下部电阻不等，充放电时间常数就不同，积分器输出 u_o 便是一个锯齿波电压。

　　通过分析计算，可得以下公式：

下降时间　　　　　　　　$T_1=2R_1R_3C/R_2$

上升时间　　　　　　　　$T_2=2R_1(R_3+R_W)C/R_2$

振荡周期　　　　　　　　$T=2R_1(2R_3+R_W)C/R_2$

五、实验任务及要求

（一）基础性实验

1．RC 桥式正弦波形成电路

实验电路如图 4.20 所示。

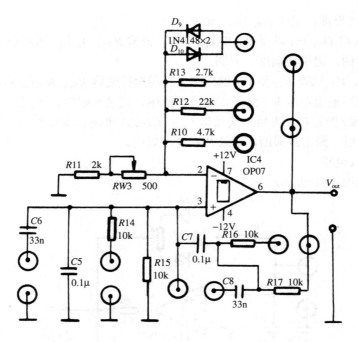

图 4.20 RC 桥式振荡电路

先请回答以下问题，然后再开始实验。

（1）调节电路哪些元件可以使振荡电路满足振幅条件？

（2）调节电路哪些元件可以使振荡电路满足相位条件？

（3）电路正弦波输出周期主要取决于哪些元件？

实验任务：

a．用短接线将 R_{10} 和 V_{out} 相连，调节 R_{W3}，使输出电压为一正弦波，用示波器观测该正弦波形。画出波形图，记录其幅度、周期。

b．断开 R_{10}，用短接线将 R_{12} 和 V_{out} 相连，调节 R_{W3}，用示波器观测电路输出电压 V_{out} 波形。画出波形图，记录其幅度，周期。

c．断开 R_{12}，用短接线将 R_{13} 和 V_{out} 相连，调节 R_{W3}，用示波器观测电路输出电压 V_{out} 波形。画出波形图，记录其幅度，周期。

d．断开 R_{13}，用短接线将 D_9、D_{10} 和 V_{out} 相连，调节 R_{W3}，用示波器观测电路输出电压

V_{out} 波形。画出波形图，记录其幅度、周期。

e. 用短接线将 D_9、D_{10} 以及 R_{10} 和 V_{out} 相连，调节 R_{W3}，用示波器观测电路输出电压 V_{out} 波形。画出波形图，记录其幅度、周期。

f. 保持 D_9、D_{10} 以及 R_{10} 和 V_{out} 的连接。再用短接线将 R_{14}、R_{16} 接入电路，调节 R_{W3}，用示波器观测电路输出电压 V_{out} 波形。画出波形图，记录其幅度、周期。

g. 保持步骤 f 的连接。再用短接线将 C_6 和 C_8 接入电路，调节 R_{W3}，用示波器观测电路输出电压 V_{out} 波形。画出波形图，记录其幅度、周期。

2. 方波形成电路

实验电路如图 4.21 所示。

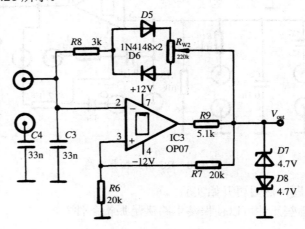

图 4.21　方波形成电路

先请回答以下问题，然后再开始实验：

（1）方波输出电压幅度主要取决于哪些元件？

（2）输出方波占空比的调节原理。

（3）输出方波的周期主要取决于哪些元件？

实验任务：

a. 用双踪示波器同时观测运放反相输入端和 V_{out} 两点的电压波形。画出两点的波形图，记录其 V_{pp}，周期。调节电位器 R_{W2}，观测以上两点电压波形的变化情况。

b. 用短接线将 C_4 和 C_3 并联。用双踪示波器同时观测运放反相输入端和 V_{out} 两点的电压波形。画出两点的波形图，记录其 V_{pp}，周期。调节电位器 R_{W2}，观测以上两点电压波形的变化情况。

3．锯齿波形成电路

实验电路如图 4.22 所示。

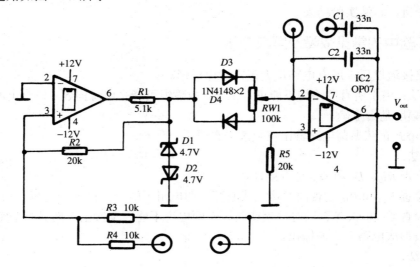

图 4.22　锯齿波形成电路

先请回答以下问题，然后再开始实验：

1．锯齿波产生电路中，电容器正向和反向充电分别经过了哪些元件？

2．输出锯齿波电压的周期主要取决于哪些元件？

实验任务：

a．用双踪示波器观测 $D1$ 负极和 V_{out} 两点波形。画出两点的波形图，记录其 V_{pp} 和周期。调节电位器 R_{W1}，观察以上两点波形变化情况。

b．用短接线将 $R4$ 和 $R3$ 并联。用双踪示波器观测 D_1 负极和 V_{out} 两点波形。画出两点的波形图，记录其 V_{pp} 和周期。调节电位器 R_{W1}，观察以上两点波形变化情况。

c．用短接线将 C_1 和 C_2 并联。用双踪示波器观测 D_1 负极和 V_{out} 两点波形。画出两点的波形图，记录其 V_{pp} 和周期。调节电位器 R_{W1}，观察以上两点波形变化情况。

（二）设计性实验

1．设计任务

设计一个运放阶梯波产生电路实验。

2．设计要求

（1）根据任务要求确定实验方案，选定器件。

（2）根据所选器件画出电路图。

（3）写出实验步骤和测试方法，设计实验记录表格。

（4）进行安装、调试及测试，排除实验过程中的故障。

（5）分析、总结实验结果。

六、实验中的常见故障及解决办法

1. 电路接通以后，所有电路均无正常输出波形。

解决方法：由于所有电路均不能正常工作，故障很可能是电源问题。检查电源极性有无接错、电源幅度是否正确。

2. RC 桥式正弦振荡电路输出正弦波失真严重。

解决方法：

（1）检查 R_{10}、D_9 和 D_{10} 是否接好。

（2）检查 R_{14} 和 R_{16} 是否同时接上或断开。两电阻不能一个接上，而另一个断开。

（3）检查 C_6 和 C_8 是否同时接上或断开。两电容不能一个接上，而另一个断开。

3. 方波形成电路无方波输出。

解决方法：

（1）检查电位器 R_{W2} 中心触点是否断路。

（2）检查电容器 C_3 和 C_4 是否失效。

（3）检查 D_5 和 D_6 是否有损坏。

4. 锯齿波形成电路无锯齿波输出。

解决方法：

（1）检查电位器 R_{W1} 中心触点是否断路。

（2）检查电容器 C_1 和 C_2 是否失效。

（3）检查 D_3 和 D_4 是否有损坏。

七、实验报告要求

（1）实验名称，目的，原理和方案。

（2）用坐标纸画出实验中所得到的波形，标出 V_{pp} 和周期 T。

（3）对实验结果进行分析、讨论。

（4）回答思考题。

（5）书写清楚，文字简单，图表工整，并附原始记录。

八、思考题

1. 在 RC 桥式正弦振荡电路中，若要连续改变输出正弦波频率，可用什么方法？

2. 可用什么方法改变方波形成电路的输出电压大小？

3. 可用什么方法改变锯齿波形成电路的输出电压大小？

附：波形发生器实验底板面板图和实物图，见图 4.23，图 4.24。

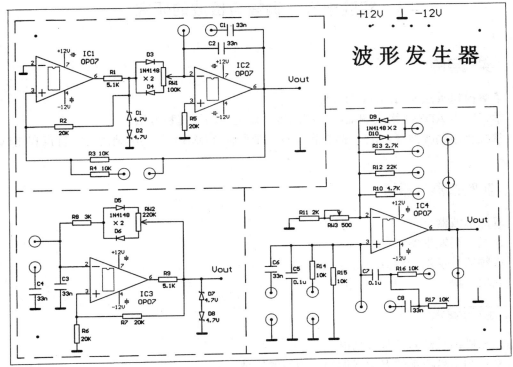

图 4.23　波形发生器实验底板面板图

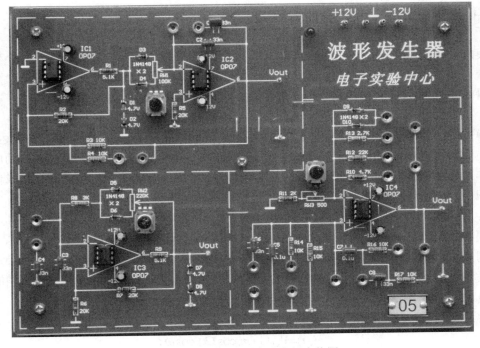

图 4.24　波形发生器实验底板实物图

4.3 实验十三 调幅与检波的研究

一、实验目的

1. 了解模拟乘法器 AD834 的特性。
2. 学习应用 AD834 组成调幅电路和同步解调电路的原理和方法。
3. 掌握普通调幅波（AM）、抑制载波双边带调幅（DSB）及其解调的性能特点和测试方法。

二、实验仪器与器材

1. 双踪示波器一台
2. 任意波形发生器一台
3. 低频信号发生一台
4. 底板一块

三、预习要求

1. 熟悉模拟乘法器的基本功能。
2. 掌握利用模拟乘法器实现调幅与检波的原理。
3. 按实验任务要求设计测试表格。

四、实验原理

集成模拟乘法器是一种非线性函数运算电路，它是能在一定范围内完成两个互不相关的模拟信号线性相乘的集成电路。对于一个理想的相乘器，其输出电压 $V_0(t)$ 仅与两个输入的模拟瞬时信号 $V_x(t)$ 和 $V_y(t)$ 的乘积成正比，而不应该包含其他任何无关的分量，即：

$$V_0(t)=K \cdot V_x(t) \cdot V_y(t)$$

模拟乘法器的应用很广泛，除了能完成乘法、除法、乘方、开方和均方值等数学运算外，还能在通信和电视系统中完成振幅调制、混频、倍频、同步检波、鉴频、鉴相、自动增益控制等非线性功能。这些功能与采用普通的非线性器件构成的电路相比，不仅具有集成化带来的体积小、电路结构简单等优点，而且还具有一系列电性能方面的优点。

1. 调幅

调幅是用调制信号去控制高频振荡电压，使其振幅按调制信号的规律变化的过程。从频谱结构来看，它是一个对调制信号进行频谱搬移的过程。

设调制信号是一个角频率为 Ω 的单音余弦信号电压 $[V_\Omega(t)=V_{\Omega m}\cos\Omega t]$，用它去调制角频率为 ω_c 的等幅高频信号电压 $[V_c(t)=V_{cm}\cos\omega_c t]$，则可以得到三种振幅调制信号电压：

普通调幅信号（AM）

$$V_s(t)=V_{sm}(1+m_a\cos\Omega t) \cos\omega_c t$$

抑制载波的双边带信号（DSB）

$$V_{DSB}(t)= KV_{\Omega m}V_{cm}\cos\Omega t \cdot \cos\omega_c t$$

单边带信号（SSB）（上边带）

$$V_{SSB}(t)=\frac{1}{2}KV_{\Omega m} V_{cm}\cos(\omega_c+\Omega)t$$

从上述三式中可以看出，这些调幅信号是由调制电压和高频等幅电压相乘的结果。因此，只需将调制信号电压和高频等幅电压送入乘法器的两个输入端相乘，就可以在输出端得到所需要的已调制信号电压。

（一）普通调幅（AM）

对于普通调幅，调制信号应附加直流电压，即：

$$V_{\Omega}(t)= V_{\Omega}+V_{\Omega m}\cos\Omega t$$

高频的等幅信号电压为：

$$V_c(t)=V_{cm}\cos\omega_c t$$

相乘后输出电压为：

$$\begin{aligned}
V_s(t)&=K \cdot V_{\Omega}(t) \cdot V_c(t)\\
&=K \cdot (V_{\Omega}+V_{\Omega m}\cos\Omega t) \cdot V_{cm}\cos\omega_c t\\
&=V_{sm}(1+m_a\cos\Omega t)\cos\omega_c t\\
&=V_{sm}\cos\omega_c t+\frac{1}{2}m_a V_{sm}\cos(\omega_c+\Omega)t+\frac{1}{2}m_a V_{sm}\cos(\omega_c-\Omega)t
\end{aligned}$$

其中：$V_{sm}=KV_{\Omega}V_{cm}$ 为输出已调幅信号电压振幅，$m_a=\dfrac{V_{\Omega m}}{V_{\Omega}}$ 为调制系数

普通调幅波输出信号的波形和频谱如图 4.25 所示，由图 4.25 及图 4.26 可见，已调幅波包络的变化规律与 $V_{\Omega}(t)$ 一致。

$$V_{smax} = V_{sm}(1+m_a)|_{\Omega t=0}$$
$$V_{smin} = V_{sm}(1-m_a)|_{\Omega t=\pi}$$

已调波的频谱为三根谱线，分别为：

$$\omega_c(V_{sm}),\ (\omega_c+\Omega)(\frac{1}{2}m_a V_{sm})\text{和}(\omega_c-\Omega)(\frac{1}{2}m_a V_{sm})。$$

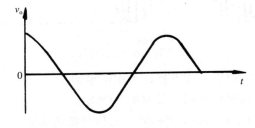

图 4.25　调制信号 $V_{\Omega}(t)$

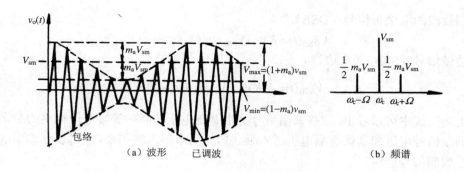

图 4.26　普通调幅波波形与频谱图

为实现普通调幅，在调制信号中应附加直流电压 V_Ω，在电路中是由 Y 通道馈通调节电路来实现，也就是可以调节电位器 W_1，使 Y_1、Y_2 端直流电位改变，当 Y_1、Y_2 端直流电位不等时，相当于在其输入端加入了一直流电压，这就是 V_Ω。

为使输出信号失真度小，可以滤除由乘法器非线性引起的高次谐波分量，即在输出端接入由 L、C 组成的中心频率为 ω_c，通频带 $B_{0.7}=2\Omega$ 的带通滤波器。

调制系数是高频已调波的一项重要参数。它可以用专用仪器测量，也可用示波器测量。如图 4.27 所示。

$$A=2V_{smax}=2V_{sm}(1+m_a)|_{\Omega t=0}$$
$$B=2V_{smin}=2V_{sm}(1-m_a)|_{\Omega t=\pi}$$

所以可以求得：

$$m_a=\frac{A-B}{A+B}\times100\%$$

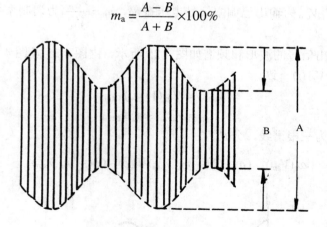

图 4.27　AM 波波形图

普通调幅器电路简单，但传送效率低，占用信道宽。

（二）平衡调幅——抑制载波双边带调幅（DSB）

所谓平衡调幅就是抑制载波双边带调幅，它与普通调幅的区别是输出波形中无载波分量，从而提高了传送效率。其电路与普通调幅毫无区别，仅仅是将调制电压中的直流分量 V_Ω 去除，调制后输出电压。

$$V_s(t)=K \cdot V_\Omega(t) \cdot V_c(t)$$
$$=KV_{\Omega m}\cos\Omega t V_{cm}\cos\omega_c t$$
$$=\frac{1}{2}V_{sm}\cos(\omega_c+\Omega)t+\frac{1}{2}V_{sm}\cos(\omega_c-\Omega)t$$

此时 $V_{sm}=KV_{\Omega m}V_{cm}$，由上式可见，在理想情况下，输出中无载波分量，也没有频率为 Ω 的调制电压分量，只有上下边频（$\omega_c+\Omega$）、（$\omega_c-\Omega$）分量电压存在。其输出波形和频谱如图 4.28（b）所示。

由图 4.28（a）及图 4.28（b）可见，$V_O(t)$ 包络变化与普通调幅波不同，其正、负电压区的包络不能反映调制信号的变化规律，只有正、负合成包络——图 4.28（b）中实线，才与 $V_\Omega(t)$ 的变化规律相同。而且 $V_O(t)$ 从正极性过零而进入负极性时，高频载波的相位在 $V_\Omega(t)=0$ 时突变 $180°$。

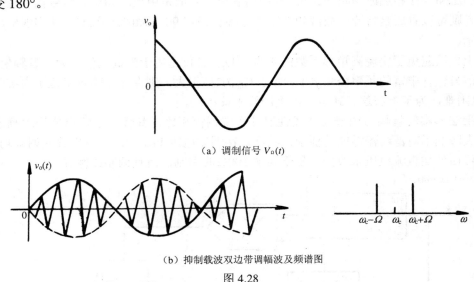

（a）调制信号 $V_\Omega(t)$

（b）抑制载波双边带调幅波及频谱图

图 4.28

（三）单边带调幅（SSB）

从抑制载波双边带调幅的频谱中可见，上下边带都能反映调制信号的频谱结构，即两个边带内均包含所需传送的信息，尽管下边带反映的是调制信号的倒置，但不影响信息的传输，因此可以将一个边带抑制掉。这种只传输一个边带的调制方式称为抑制载波的单边带调制。

单边带传输的优点是频带可以节省一半。在频率资源日益紧张的今天，推行 SSB 是势在必行。单边带传输的另一重要优点是节省发射功率。如果一个单边带发射机与普通调幅波发射机相比，当二者的末级管子相同且都充分利用时，单边带调制接收端的信噪比更高，或同样信噪比的条件下，单边带通信距离会增加。

单边带信号产生的方法有以下两种：

（1）滤波法

其电路实现的模型是从频域观点得到的。只需先产生抑制载波的双边带信号，再经过滤波器滤除一个边带，即可得到所需的单边带信号。这种方法在调制信号频率较低时，对滤波器的带外衰减特性要求很高，即要将相距较近的两个边带抑制掉一个，滤波器的滤波特性要很陡，实际实现时要经过多次乘法器运算和滤波，较为复杂。为解决这一问题可用移相法。

（2）移相法

移相法它的电路模型来自于时域。

单边带调制的信号可以表示为：

上边带 $KV_{\Omega m}V_{cm}\cos(\omega_c+\Omega)t$

$=KV_{\Omega m}V_{cm}\cos\Omega t\cos\omega_c t-KV_{\Omega m}V_{cm}\sin\Omega t\sin\omega_c t$

下边带 $KV_{\Omega m}V_{cm}\cos(\omega_c-\Omega)t$

$=KV_{\Omega m}V_{cm}\cos\Omega t\cos\omega_c t+KV_{\Omega m}V_{cm}\sin\Omega t\sin\omega_c t$

由上式可知，单边带信号可以看成是由两个双边带信号 $V_{\Omega m}V_{cm}\cos\Omega t\cos\omega_c t$ 和 $V_{\Omega m}V_{cm}\sin\Omega t\sin\omega_c t$ 相加或相减的结果。其中前者可以看成是由载波和调制信号直接相乘的到的，后者则可以看成是将同一载波和调制信号各自相移 90°后相乘得到的。其实现框图如图 13.5 所示。

以上方法避免了实现高矩形系数的困难，但是，它仅适用于当调制信号为单音频信号时。若调制信号包含丰富的频率分量 $f(t)$，而且 F_{max}/F_{min} 很大，则在很宽的频率范围内实现移相 90°也很困难，为了克服这一缺点，可采用修正移相法。

用乘法器实现调幅与用普通非线性器件实现调幅相比，其优点是输出信号的频谱较干净，大大降低了对滤波器性能的要求。其次，在调制电压 $V_{\Omega m}$ 一定，实现普通调幅功能时，调制度可由外加直流电压来改变，易于实现 100%的调制，而且调制线性好。

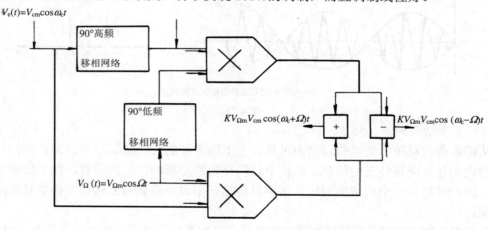

图 4.29　移相法单边带调制原理框图

2．同步解调（同步检波）

同步检波是指作用在检波器上的两个高频信号（已调波和本地载波），不但频率相同，而且相位基本相同，也就是说两个高频信号是完全同步的。它不仅可以解调 AM 信号，而且可以解调 DSB 和 SSB 信号。其基本思想就是利用本地高频载波与已调波进行同步相乘。

（1）普通调幅波（AM）的解调

解调原理：设单音频信号已调幅波（AM 波）为

$$V_s(t)=V_{sm}(1+m_a\cos\Omega t)\cos\omega_c t$$

本地载波电压（同频同相）为：

$$V'_c(t)=V'_{cm}\cos\omega_ct$$

相乘后，输出电压为：

$$
\begin{aligned}
V'_o(t)&=K\,V_s(t)\,V'_c(t)\\
&=K\,V_{sm}V'_{cm}(1+m_a\cos\Omega t)\cos^2\omega_ct\\
&=K\,V_{sm}V'_{cm}(1+m_a\cos\Omega t)\,(\frac{1}{2}+\frac{1}{2}\cos2\omega_ct)\\
&=\frac{1}{2}K\,V_{sm}V'_{cm}+\frac{1}{2}K\,V_{sm}V'_{cm}\,m_a\cos\Omega t+\frac{1}{2}K\,V_{sm}V'_{cm}\cos2\omega_ct\\
&\quad+\frac{1}{4}K\,V_{sm}V'_{cm}\,m_a\cos(2\omega_c+\Omega)t+\frac{1}{4}K\,V_{sm}V'_{cm}\,m_a\cos(2\omega_c-\Omega)t
\end{aligned}
$$

由式可见：

（A）经低通滤波器后滤除高频分量（2次谐波）后即得原调制信号：

$$
\begin{aligned}
V_o(t)&=\frac{1}{2}Km_aVsm\,V'_{cm}\cos\Omega t\\
&=V_{om}\cos\Omega t
\end{aligned}
$$

（B）$V_{om}=\frac{1}{2}K_{ma}V_{sm}V'_{cm}$ 为线性关系，这表明电路可实现线性检波，即使 V_{sm} 小到几十毫伏也不会产生包络失真，因此大大降低了对前级放大器的要求。

（C）上式中可见无载波分量存在，这就从根本上消除了对前级放大器的寄生反馈，从而保证了前级工作的稳定性和频响特性曲线的正确形状，所以该解调电路被广泛应用。

实际应用中，本地载波只能从已调制波中提取，对于 AM 波而言比较容易实现，即只要将已调幅波加以限幅后，就可得到近似正弦波，为保证同频和同相，还必须附带一移相网络，使限幅后的载波能与已调波完全同频、同相。

理论分析可知，当乘法器输入端所加入的两个高频信号同频不同相时，输出的调制信号幅度将减小；若同相而不同频，则输出波形失真而且幅度很小；若既不同频也不同相，则失去检波功能，无输出。

（2）抑制载波双边带调幅（DSB）波的解调

因为 DSB 波中不含载波分量，故不能从高频已调波中提取产生本地载波信号，为实现解调，必须采用专用的振荡器来产生一个与发射端被抑制掉的高频载波完全同频同相稳定的高频信号。在现代技术中，为保证同频同相且稳定，多采用晶体振荡器加锁相环技术（PLL）以实现载波恢复，完成不失真的正确解调。

设已调制信号为：

$$V_s(t)=V_{sm}\cos\Omega t\cos\omega_ct$$

本地载波为：$V'_c(t)=V'_{cm}\cos\omega_ct$

经乘法器后，输出电压为：

$$
\begin{aligned}
V'_o(t)&=K\,V_{sm}V'_{cm}\cos\Omega t\cos^2\omega_ct\\
&=\frac{1}{2}K\,V_{sm}V'_{cm}m_a\cos\Omega t
\end{aligned}
$$

$$+\frac{1}{4}K\,V_{sm}V'_{cm}m_a\cos(2\omega_c+\Omega)t+\frac{1}{4}K\,V_{sm}V'_{cm}\,m_a\cos(2\omega_c-\Omega)t$$

经低通滤波器后，滤除高频分量，即为与原调制信号频率相同。

$$V_o(t)=\frac{1}{2}K\,V_{sm}V'_{cm}\cos\Omega t$$

$$=V_{om}\cos\Omega t$$

由上式可见，V_{om} 正比于 V'_{cm}，所以本地载波振幅大则使输出 V_{om} 大，即检波增益大，因此，可适当加大 V'_{cm} 的值。

（3）单变带调幅（SSB）波解调

设单变带调幅信号为：$V_s(t)=V_{sm}\cos(\omega_c+\Omega)t$

本地载波信号为：$V'_c(t)=V'_{cm}\cos\omega_c t$

则相乘后的输出电压为：

$$V'_o(t)=KV_{sm}V'_{cm}\cos(\omega_c+\Omega)t\cos\omega_c t$$

$$=\frac{1}{2}KV_{sm}V'_{cm}\cos\Omega t+\frac{1}{2}KV_{sm}V'_{cm}\cos\Omega t\cos2\omega_c t-\frac{1}{2}KV_{sm}V'_{cm}\sin\Omega t\sin2\omega_c t$$

经低通滤波器后，可得：

$$V_o(t)=\frac{1}{2}KV_{sm}V'_{cm}\cos\Omega t=V_{om}\cos\Omega t$$

因为 V_{om} 正比于 V'_{cm}，载波振幅大则使输出 V_{om} 大，SSB 波的振幅即使很小，也能获得极好的线性检波。

用模拟乘法器实现的同步检波电路工作频率较宽，而且不需要变压器耦合的调谐回路，所以得到广泛的应用。

（4）电压传输系数 K_d

电压传输系数是用来说明检波器对高频信号的解调能力的参数，如图 4.30 所示。

对 AM 波　$K_d=\dfrac{V_{opp}}{\dfrac{A-B}{2}}=\dfrac{D_1}{\dfrac{A-B}{2}}$，对 DSB 波 $K_d=\dfrac{V_{opp}}{V_{spp}}=\dfrac{D_2}{C}$

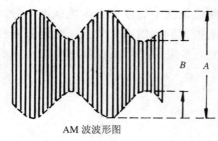

AM 波波形图

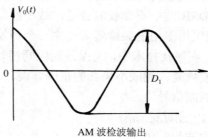

AM 波检波输出

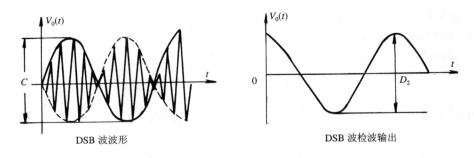

DSB 波波形   DSB 波检波输出

图 4.30　AM 波、DSB 波及对应检波输出

3．模拟乘法器 AD834 简介。

本实验中所用模拟乘法器为 AD834。

（1）主要特性。AD834 是目前速度最快的四象限模拟乘法器芯片之一。它将所有电路集成于一块芯片之中，使得 AD834 具有极高的速度。这一优点使得 AD834 可以工作于 UHF 波段，广泛地应用于混频、倍频、乘(除)法器、脉冲调制、功率控制、功率测试、视频开关等领域。AD834 获得很高的速度，并不以牺牲精确度为代价。在乘法器工作模式中，其总的满幅度误差为 0.5%。

AD834 具有极低的信号失真（输入端信号失真小于–60dB）、信号馈通（20MHz 时的典型值为–65dB）和相位误差（5MHz 时的典型值为 0.08°）；AD834 模拟乘法器芯片有 8 引脚的 DIP 塑料封装、SOIC 封装、陶瓷封装等多种封装形式，可以满足不同应用的需求。

（2）AD834 工作原理。AD834 的结构框图如图 4.31 所示。AD834 的输入为差分电压输入；而输出为集电极开路的差分电流输出。为了获得相对于地的单端电压输出，必须在其外部增加电流-电压变换电路。具体可以采用变压器、传输线变压器或者动态电路，如集成运算放大器等。

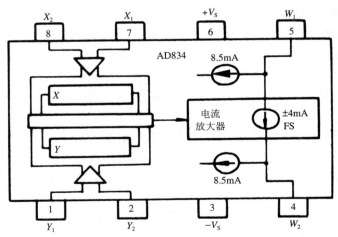

图 4.31　AD834 结构框图

在 X 和 Y 端口输入的电压，经过高速电压-电流变换器变换为差分电流信号。两个电流信号再分别通过 X 失真校正和 Y 失真校正，进入到乘法器的核单元，实现信号的相乘。该

乘积信号道过电流放大器得到放大后，以集电极开路的差分电流形式输出，即：

输入端的电压为：$X=X_1-X_2$， $Y=Y_1-Y_2$。

输入端和输出端之间的传输函数为：

$$W=\frac{XY}{(1V)^2}\cdot 4mA;$$

如果输入信号单位为伏特，则该传输函数也可以简化为：

$$W=XY\cdot 4mA$$

（3）芯片各引脚功能说明。AD834 芯片的引脚分布如图 4.31 所示。该芯片总共有 8 根引脚：

引脚 1、2 为信号 Y 的差分输入脚，满幅度输入为 ±1V；

引脚 3、6 为电源供电引脚，输入电压为 ±4～±9V，典型值为 ±5V；

引脚 4、5 为信号 W 的差分输出脚，满幅度输出为 ±4mA；

引脚 7、8 为信号 X 的差分输入脚，满幅度输入为 ±1V。

（4）应用考虑。

a．输入端连接。尽管 AD834 的输入电阻较高(20kΩ)，但输入端仍有 45μA 的偏置电流。当输入采用单端方式时，假如信号源的内阻为 50Ω，就会在输入端产生 1.125mV 的失调电压。为消除该失调电压，可在另一输入端到地之间接一个与信号源内阻等值的电阻，或加一个大小、极性可调的直流电压，以使差分输入端的静态电压相等；此外，在单端输入方式下，最好使用远离输出端的 X2、Y1 作为输入端，以减小输入直接耦合到输出的直通分量。

注意：当输入差分电压超过 AD834 的限幅电平(±1.3V)时，系统将会出现较大的失真。

b．输出端连接。采用差分输出，可有效地抑制输入直接耦合到输出的直通分量。差分输出端的耦合方式，可用 RC 耦合到下一级运算放大器，进而转换为单端输出，也可用初级带中心抽头的变压器将差分信号转换为单端输出。

c．电源的连接。AD834 的电源电压允许范围为 ±4V～±9V，一般采用 ±5V。要求 V_{W1} 和 V_{W2} 的静态电压略高于引脚 $+V_S$ 上的电压，也就是 $+V_S$ 引脚上的去耦电阻 R_S 应大于 W_1 和 W_2 上的集电极负载电阻 R_{W1}、R_{W2}。引脚 $-V_S$ 到负电源之间应串接一个小电阻，以消除引脚电感以及去耦电容可能产生的寄生振荡；较大的电阻对抑制寄生振荡有利，但也会使 V_{W1} 和 V_{W2} 的静态工作电压降低；该电阻也可用高频电感来代替。

ㄥ．实验电路。

普通调幅的电路如图 4.32 所示。图 4.32 中载波由 X_2 端输入，调制信号由 Y_1 端输入，X_1、Z_2 端为交流地电位。外接电位器 W_1 组成 Y 通道馈通调节电路。调节 W_1 可改变 Y_1、Y_2 的直流电位实现 AM 波或 DSB 波。模拟乘法器 AD834 输出端经 LC 双端变单端送入 $Q1$ 放大输出。

注意：无论是交流馈通还是谐波失真，Y 端的指标都要优于 X 端。所以将调制信号接在性能比较好的 Y 端，而将载波信号接在 X 端。

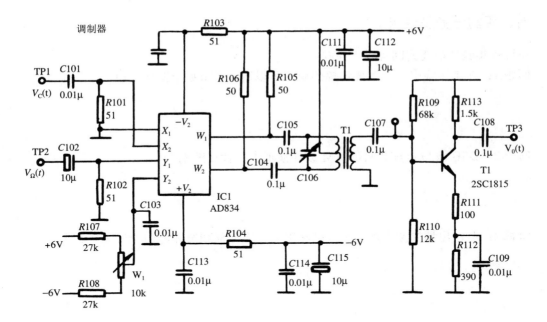

图 4.32　模拟乘法器调幅电路

模拟乘法器 AD834 组成的同步检波电路如图 4.33 所示。

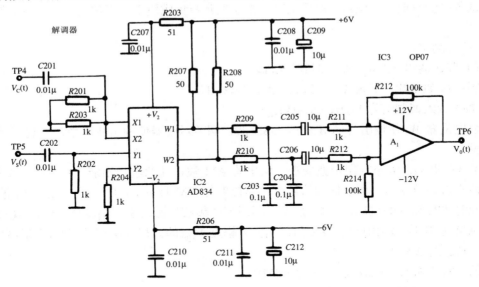

图 4.33　同步检波电路

它不仅可以对 AM 波进行检波，也可以对 DSB 波进行检波。由图 4.33 可见，已调波经隔直电容后加入 Y_1 端，与已调波同频同相的本地载波经隔直电容加入 X_2 端。输出端外接 1kΩ电阻及 0.1μF 构成低通滤波器，以滤除信号中的高频分量。再经 A_1 组成的双端变单端电路放大输出。

五、实验任务及要求

在进行实验之前请先回答以下问题:

问题 1: 在本实验中, 要改变调幅的模式可以通过调节哪个器件实现?

问题 2: DSB 波与 m_a=100%的 AM 波在波形上有什么差别?

问题 3: 若输出调幅波出现削顶或削底现象, 应如何调节才能消除该失真?

实验任务:

1. 静态测试

测试各引脚对地直流电压, 根据电路工作原理判断集成块是否正常工作。如不正常, 排除故障。

2. 动态测试

(1) 普通调幅(AM)波的调制与解调。

调制: 从 TP1 输入载波 $V_c(t)$(V_{cpp}=2V, f_C=3MHz)

从 TP2 输入调制信号 $V_\Omega(t)$(f_Ω=1kHz)

调节电位器 W_1 使输出为 AM 波或 DSB 波, 调节示波器使输出波形稳定, 观测两波形转换过程。

调节 W_1 和 $V_{\Omega m}$ 大小, 用示波器观察输出的 AM 波, 注意波形不能失真。然后保持 V_Ω 不变(即不再调节 W_1), 调节低频信号源输出幅度使 AM 波 m_a=100%, 记录该 AM 波波形并测出此时 TP2 输入的调制信号幅度 $V_{\Omega m}$。再调节低频信号源的输出幅度使 AM 波 m_a=50%, 记录该 AM 波波形并测出此时 TP2 的调制信号幅度 $V_{\Omega m}$的。根据所测数据绘制调制特性曲线(m_a~$V_{\Omega m}$ 关系曲线)。

解调: TP4 输入本地载波 $V_c(t)$ f_C=3MHz

　　　　 TP5 输入已调波 $V_s(t)$

观测并记录 m_a=50%时的检波输出 $V_o(t)$, 计算检波电压传输系数 K_d。

(2) 抑制载波双边带调幅(DSB)波的调制与解调。

调制: 从 TP1 输入载波 $V_c(t)$(V_{cpp}=2V, f_C=3MHz)

从 TP2 输入调制信号 $V_\Omega(t)$(f_Ω=1kHz)

调节电位器 W_1 使输出为 DSB 波, 调节低频信号源输出幅度观察 DSB 波的变化, 当 DSB

波幅度最大且不失真时记录 DSB 波波形。

    解调：$TP4$ 输入本地载波 $V_c(t)$ $f_c=3\text{MHz}$

                $TP5$ 输入已调波 $V_s(t)$

观测并记录 DSB 波幅度最大且不失真时的检波输出 $V_o(t)$，计算检波电压传输系数 K_d。

六、实验中的常见故障及解决办法

现象 1：无调幅波输出。

解决办法：

（1）检查 ±12V 电源是否连接正确；

（2）检查 $TP1$、$TP2$ 输入信号是否符合要求；

（3）检查示波器测试参数的设置是否正确。

现象 2：无检波输出。

解决办法：

（1）检查 ±12V 电源是否连接正确；

（2）检查 TP4、TP5 输入信号是否符合要求；

（3）检查示波器测试参数的设置是否正确。

七、实验报告要求

1. 绘出调制特性曲线，计算检波电压传输系数，并得出相应的结论。

2. 根据测试的 AM 波和 DSB 波比较其异同。

3. 讨论电位器 W_1 的作用。

八、思考题

    1. 若用双踪示波器观测调制信号和已调波，应用其中的哪一个信号做触发源？如果波形不稳定还应该如何调节？

    2. 在同步检波器中，若所加本地载波信号和已调幅波载波同频不同相或同相不同频，对检波器输出有何影响？

4.4 实验十四 混频与倍频的研究

一、实验目的

1. 学习用集成模拟乘法器 AD834 实现混频和倍频的原理。
2. 了解乘积混频器和倍频器的电路特点和性能特点。

二、实验仪器与器材

1. 双踪示波器一台
2. 任意波形发生器一台
3. 低频信号发生一台
4. 底板一块

三、预习要求

1. 熟悉模拟乘法器的基本功能。
2. 掌握利用模拟乘法器实现混频与倍频的原理。
3. 按实验任务要求设计测试表格。

四、实验原理

1. 混频

混频是通信技术和测量技术中的重要功能电路。它属于频谱变换电路——频谱搬移的范畴，可用模拟乘法器实现。

在无线电技术中，常常需要将信号由一个频率变换成另一个频率，从而满足无线电设备的需要，并有利于提高设备的性能。例如，在超外差广播接收机中，通过混频器把接收到的高频信号变换成 465kHz 的固定中频。在较低的固定频率下进行放大，带宽可以做窄，增益也可做得比较高，从而有利于提高接收机的整体灵敏度。此外，对于较低的固定频率，选择回路可以采用双回路和集中选择滤波器，使得选择曲线接近理想矩形，有利于提高接收机的邻道选择性。而且，通过混频使接收机的高放级、中放级的工作频率各不相同，电路不容易产生自激，放大器的工作稳定性得以提高。

混频器的用途十分广泛，除应用于各类超外差接收机外，还广泛应用于频率合成器、多路散波通信及各种测量仪器中。

混频是利用频率为 f_1 的本机振荡信号将高频信号（频率为 f_s 的等幅正弦波或载频为 f_s 的已调波）变换为中频信号（频率为 f_i 的等幅正弦波或载频为 f_i 的已调波）的一种频谱搬移的过程。完成它只需将频率为 f_1 和 f_s 的两个高频信号直接相乘，从而得到两个高频信号电压的和频分量和差频分量，然后，在乘法器的输出端配接一个谐振在所需中频的带通滤波器，即可实现混频目的。其关系如下：

$$f_I = f_L + f_S$$

或

$$\begin{cases} f_I = f_L - f_S, & \text{当}\ f_L > f_S\ \text{时} \\ f_I = f_S - f_L, & \text{当}\ f_L < f_S\ \text{时} \end{cases}$$

图 4.34 为混频的电路原理图和频谱图，图 4.34 中 $f_L > f_S$。由图 4.34 可见，$f_L + f_S$ 或 $f_L - f_S$ 中都携带有原有的信息，只是输出中频频率不同。取和频的混频称为上混频，取差频的混频称为下混频。在一般的广播和通信中，多采用下混频，上混频多用在频率合成中。

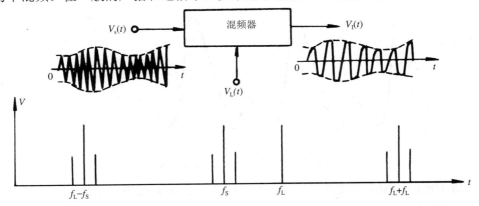

图 4.34　混频功能示意图及频谱图

从实质上讲，混频和调幅是类似的，其区别是混频的输入信号一个为本振电压 $V_L(t)$，另一个为高频信号 $V_S(t)$；输出滤波器的中心频率为 $f_L \pm f_S$。因此，用前面介绍的调幅电路，改换输入信号和输出滤波器的中心频率，即可完成混频功能。设 $V_L(t)=V_{Lm}\cos\omega_L t$，$V_S(t)=V_{sm}\cos\omega_S t$，相乘后，其输出电压 $V_o(t)$ 为：

$$V_o(t)=KV_{Lm}V_{sm}\cos\omega_L t\ \cos\omega_S t$$
$$=\frac{1}{2}KV_{Lm}V_{sm}\cos(\omega_L+\omega_S)t+\frac{1}{2}KV_{Lm}V_{sm}\cos(\omega_L-\omega_S)t$$

由上式可知，$V_o(t)$ 中不含原输入信号 $V_L(t)$ 和 $V_S(t)$ 的频率分量，只有差频与和频分量。当然上式仅是理想相乘情况，实际上相乘器的载漏抑制度和信漏抑制度都不可能是无限值。

由模拟乘法器完成混频功能较之用普通非线性器件构成混频电路有诸多优点：①输出频谱较纯净，组合频率分量较少，可以大大减少混频过程中所产生的寄生通道干扰。②对于混频输入的两个信号幅度要求较低，即当 $V_{Lm} \approx V_{sm}$ 或 $V_{Lm} < V_{sm}$ 时，也不会产生非线性包络失真，只不过混频增益会随 V_{Lm} 的减小而降低。③在理想乘法器中，当 V_{Lm} 一定时，$V_o(t)$ 与 $V_S(t)$ 呈线性关系，因此大大减小了互调失真和交叉调制失真。所以，用乘法器构成的混频器得到广泛的应用。

2. 倍频

倍频是在保持原信号调制情况不变的前提下，将载波频率成倍增加的频率变换电路。将乘法器的两个输入端连接在一起，即令 $V_x=V_y$，即可实现平方运算，即：

$$V_o(t)=KV_x^2(t)$$

设为某一频率为 f_S 的信号 $V_S(t)$，即 $V_S(t)= V_{sm}\cos w_S t$，则输出电压为：

$$V_o(t)=K(V_{sm}\cos\omega_S t)^2=\frac{1}{2}KV^2_{sm}(1+\cos2\omega_S t)$$

可见：乘法器的平方运算具有二倍频功能，输出的直流分量可由高通滤波器滤除。

实际应用中，由于倍频带来较大的相移，而且随着倍频次数的增加，直流分量增大很多，引起乘法器输入失调，导致乘法器输出输入特性变坏，输出中包含有输入的基波分量，其结果可能使倍频器输出受到基频调制，造成倍频输出波形的振幅参差不齐，见图4.35。通过差分输入端的平衡调节可以使该波形得到改善。

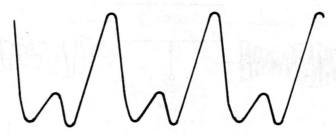

图 4.35　倍频输出含基波分量时波形

基于以上原因用相乘器实现倍频时，很少用到三倍频以上的高次倍频。

3．实验电路

（1）本振。图4.36为本振电路。首先利用晶振及其外围电路形成振荡，经 Q_4 放大，再通过 C_5 构成的跟随器输出，为混频电路提供本地振荡信号，其输出为 TP10。

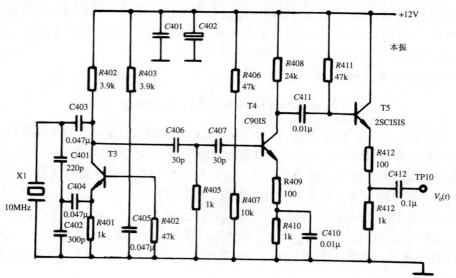

图 4.36　本振电路

（2）混频及倍频。图4.37所示电路即可完成混频又可完成倍频。完成混频功能时，将 A 端与 B 端相连，本振信号 $V_L(t)$ 经 X_2 对 X_1 单端输入，输入信号 $V_S(t)$ 经 Y_2 对 Y_1 单端输入，在 AD834 的输出端接有两个陶瓷滤波器，其中心频率分别为 6.5MHz 和 465kHz。根据所需输出的不同频率，可将 F 端或 G 端接 D 端放大输出。

完成倍频功能时，将 A 端与 C 端连，输入信号同时送入 AD834 的 X，Y 通道，电位器 W_2 为 Y 通道馈通调节，调节 W_2 可以改善频率直通的现象，抑制掉输出信号中的输入信号频率成分。将 E 端接 D 端，调节 W_2 可以看到对不同频率输入信号的倍频输出。当输入信号频率为 3.25MHz 或 232.5kHz 时，也可以分别将 F 端或 G 端接 D 端对应观测其倍频输出。

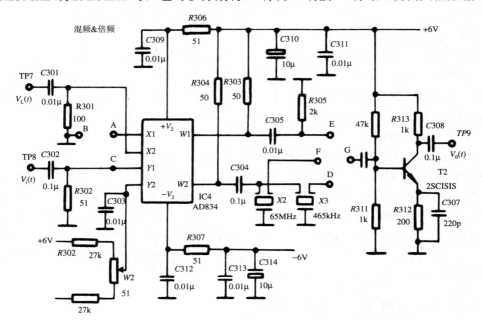

图 4.37 混频及倍频电路

五、实验任务及要求

在进行实验之前请先回答以下问题：

问题 1：混频时，若电路的连接方式为 G 接 D，当本振和 TP8 的差频为 1MHz 时，此时输出波形为什么情况？

1. 测试本振信号
用示波器观测 TP10 处的本振信号波形并测试其频率。
2. 混频功能的测试
首先将 TP10 输出的本振信号加之 TP7，连接 A，B 端。
本振信号与等幅正弦信号的混频：
（1）将信号源产生 f_S=9.535MHz，V_{PP}=2V 的正弦信号加至 TP8，将 G 端接 D 端（或将信号源产生 f_S=3.5MHz、V_{PP}=2V 的正弦信号加至 TP8，将 F 端接 D 端）用示波器观测 TP9

混频输出并测试其频率。

（2）测试上述情况下的混频增益 $A_{VC}=\dfrac{V_{Im}}{V_{Sm}}$，并讨论混频增益与 $V_S(t)$，$V_L(t)$振幅的关系。

其中：V_{Im} 为混频输出的中频信号电压振幅，V_{sm} 为混频输入的信号的电压振幅（注意此处分母不是本振信号电压）。

（3）变换 TP9 所加信号的频率，测出电路输出信号的频率并得出相应结论。

本振信号与已调幅信号的混频：

用信号源提供 AM 波（其载波频率为 9.535MH$_Z$ 或 3.5MH$_Z$，载波幅度为 V_{PP}=2V，调制频率为 1kHz，m_a=100%），将其送入 TP8，TP7 仍加本振信号，用示波器分别观察输入端（TP8）、输出端（TP9）的已调幅波波形并测试其周期，再用示波器分别观察输入端（TP8）、输出端（TP9）的已调幅波的载波的波形并测试其周期，由此得出相应的结论。

3．音频功能的测试

首先断开 TP10 与 TP7 之间的连接线，再连接 A、C 端。

在 TP8 加入 f_S=465kHz，V_{PP}=2V 的正弦信号。连接 E、D 端，用示波器在 TP9 观察输出。调节电位器 W2 观察其对输出波形的影响，当馈通调节至最小时测出输出信号的频率。改变输入信号频率，观测电路输出有何变化，对应纪录 5 组数据并得出相应结论。

在 TP8 加入 f_S=3.25MHz，V_{PP}=2V 的正弦信号，连接 F、D 端（或在 TP8 加入 f_S=232.5kHz，V_{PP}=2V 的正弦信号，连接 G、D 端），用示波器在 TP9 观察输出，改变输入信号的频率，观测输出波形有何变化？并得出相应结论。

六、实验中的常见故障及解决办法

现象 1：无混频输出。

解决方法：

（1）检查±12V 电源是否连接正确；

（2）检查 TP7、TP8 输入信号是否符合要求；

（3）检查输出所用滤波器是否满足要求；

（4）检查示波器测试参数的设置是否正确。

七、实验报告要求

1．分别比较混频器和倍频器的输入、输出信号有何变化。

2．讨论倍频器和混频器电路的异同。

八、思考题

混频电路能否实现调幅？为什么？

4.5 实验十五 直流稳压电源、DC/DC 开关电源

一、实验目的

1. 掌握半波整流、全波整流的基本电路及基本原理。
2. 掌握直流稳压电源的基本原理。
3. 了解 DC/DC 开关电源的基本原理。

二、实验仪器与器材

1. 双踪示波器一台
2. 低频晶体管毫伏表一台
3. 万用表一个
4. 实验底板一块
5. 连接导线若干

三、预习要求

1. 对整流、滤波电路的基本原理进行了解。
2. 预习直流稳压的基本知识。
3. 了解 DC/DC 开关电源的基本知识。
4. 按实验任务要求，设计相应的实验步骤及实验表格。

四、实验原理

电子设备和自动控制装置中都需要电压稳定的直流电源供电，虽然在有些情况下可用化学电池作为直流电源，但大多数情况是利用电网提供的交流电源经过转换而得到直流电源的。

常用电子仪器或设备（如示波器、信号源等）所需要的直流电源，均属于单相小功率直流电源（功率在 1 000W 以下）。它的任务是将 220V、50Hz 的交流电压转换为幅值稳定的直流电压（例如几伏或几十伏），同时能提供一定的直流电流（比如几百毫安或几安）。单相小功率直流稳压电源一般由电源变压器、整流、滤波和稳压电路四部分组成，如图 4.38 所示。

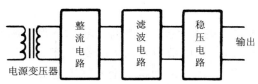

图 4.38 直流稳压电源框图

常用的直流电源中根据其工作原理的不同，可分为直流稳压电源和开关电源。直流稳压电源具有输出精度高、纹波小等优点；而开关电源具有体积小、效率高等优点。

（一）直流稳压电源

直流稳压电源由输入电压变换电路（包括电源变压器、整流滤波电路）和稳压输出电路组成：

电源变压器：将交流电源电压变换为整流电路所需要的交流电压。

整流电路：利用二极管单向导电性将交流电压变换为单向脉动的直流电压。

滤波电路：通过电容或电感等储能元件滤去单向脉动直流电压中的交流成分，从而得到比较平滑的直流电压。

稳压电路：经过整流、滤波后得到的直流电压易受电网波动及负载变化的影响（一般有±10%左右的波动），必须加稳压电路，可利用负反馈等措施维持输出直流电压的稳定。

1）整流电路

整流电路的任务是将交流电变换成直流电。完成这一任务主要是靠二极管的单向导电作用，因此二极管是构成整流电路的关键元件（常称之为整流管）。

①半波整流电路

利用二极管的单向导通作用就可以把交流电变成单方向流通的直流电。图 4.39 所示是一个基本整流电路，在电压为正半周时，电流流经 D 和 R_L，而在电压反相的负半周时，D 不导通，所以在 R_L 两端所得到的电压是单方向的，负载上只有半个周期有输出电压。从而实现了整流。由于是只在一半的时间内导通，所以称为半波整流。此时输出波形脉动大，直流成分（即平均值）比较低，交流电有一半时间没有利用上，转换率低，波形见图 4.40。

整流输出电压平均值 U_o：它是整流输出电压 U_o 在一个周期内的平均值。在半波整流情况下，$U_o = 0.45U_2$

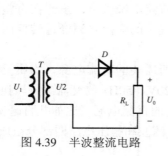

图 4.39　半波整流电路

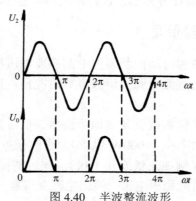

图 4.40　半波整流波形

②全波整流电路

如图 4.41 所示，全波整流电路只需二只整流二极管，但电源变压器次级却需要有带中心抽头的两组相同电压的绕组。利用带中心抽头的变压器，使它们在交流电的正半周和负半周分别向 R_L 供给同一方向的电流，从而构成全波整流电路。

设交流电在正半周时，变压器输出电压极性为上正下负，上半绕组电源经 $D1$、R_L、中心抽头形成回路，而下半绕组不通，此时 $D1$ 导通 $D2$ 不导通，电流 I_{D1} 经 R_L 成回路；在负半周时，电压极性与前相反，可知 $D2$ 导通而 $D1$ 不导通，I_{D2} 以相同方向经 R_L 成回路，由此在负载上得到的是正负两个半周都有整流输出的波形，故称为全波整流。这时经整流的直流电压（平均值）为半波整流的两倍，即 $U_0 = 2 \times 0.45U_2 = 0.9U_2$，而且脉动情况也有一定的改善。

这种整流电路的缺点是每组线圈只有一半的时间通过电流，所以变压器的利用率不高。波形见图 4.42。

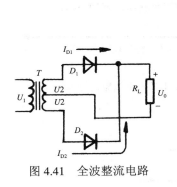

图 4.41　全波整流电路

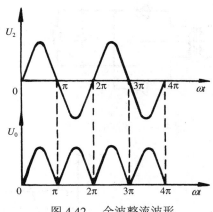

图 4.42　全波整流波形

③桥式整流电路

桥式整流电路，也可认为是全波整流电路的一种，变压器次级绕组接四只相同的整流二极管，接成电桥形式，故称为桥式整流电路，利用二极管的导引作用，使在负半周时也能把次级输出引向负载。具体接法如图 4.43 所示，从图 4.43 中可以看到，在正半周时由 D1、D2 导引电流自上而下通过 R_L，负半周时由 D3、D4 导引电流也是自上而下通过 R_L，从而实现了全波整流。

在这种结构中，若输出同样的直流电压，变压器次级绕组与全波整流相比则只需一半绕组即可，但若要输出同样大小的电流，则绕组的线径要相应加粗。至于波形与脉动，和前面讲的全波整流电路完全相同。

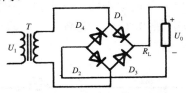

图 4.43　桥式整流电路

④滤波电路

由于整流电路的输出电压都含有较大的脉动成分，为了尽量减少脉动成分，还要尽量保留直流成分，使输出电压接近理想的直流，这种措施就是滤波。滤波电路是直流电源的重要组成部分，它一般是由电容、电感等储能元件组成的，用来滤除单向脉动电压中的谐波分量，从而得到比较平滑的直流电压，如在负载电阻两端并联电容器 C，或与负载串联电感器 L，以及由电容、电感组合而成的各种复式滤波电路。

在本实验电路中采用的是电容滤波，即在负载电阻 R_L 上并联一个滤波电容 C，电路如图 4.44，滤波后的波形如图 4.45、图 4.46 所示。

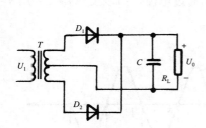

图 4.44 滤波电路

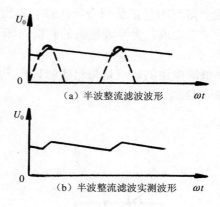

（a）半波整流滤波波形

（b）半波整流滤波实测波形

图 4.45 半波整流滤波波形

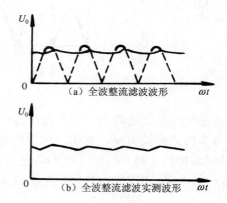

（a）全波整流滤波波形

（b）全波整流滤波实测波形

图 4.46 半波整流滤波波形

⑤串联型直流稳压电路

图 4.47 是串联反馈式稳压电源的电原理图，它主要由调整、比较放大、取样和基准电压四部分组成，另外加限流保护电路和恒流源电路。由于调整管与负载相对于输入而言呈串联的关系，故称为串联型稳压电路。

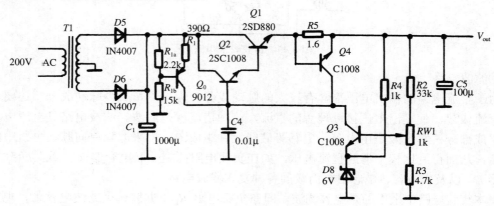

图 4.49 串联型直流稳压电路电原理图

调整部分由 $Q1$、$Q2$ 组成，由于单个晶体管的放大倍数有限，为了提高稳压精度以及实现大电流输出，将 $Q1$ 和 $Q2$ 如图连接，在这种情况下，$I_{e2}=I_{b2}(1+\beta_2)$，$I_{e1}=I_{e2}(1+\beta_1)=I_{b2}(1+\beta_2)(1+\beta_1)$，由于 $\beta\gg1$，故 $I_0=I_{e1}\approx I_{b2}\times\beta_1\times\beta_2$，若两只管子 β 均为 100，则总 $\beta=10\ 000$，这样，当输入电流 I_{b2} 变化 10μA 时，输出电流即可变化 100mA，控制灵敏度大大提高，有利于提高稳定精度以及实现大电流输出。其中 $Q1$ 称为调整管，$Q2$ 称为推动管，或总称为复合调整管。复合调整管始终工作在放大区，当基极电流发生变化时，调整管的内阻将发生变化，因此管压降亦发生变化，由于调整管和负载相对于供电电源是呈串联的关系，故若管压降增大，则输出电压降低，反之则升高。由于在实际电路中控制电路是以负反馈方式来控制调整管的基极电流，当输出电压瞬时升高时调整管基极电流将减小，从而导致内阻增加，管压降增加，则输出电压自动下降，反之则自动升高，从而实现稳压之目的。

取样部分由采样支路分压电阻 R_2、R_3、R_{W1} 组成，它对输出电压进行采样，取出输出电压变化量的一部分作为取样电压，并反馈给比较放大器 $Q3$。

基准部分的作用是提供一个稳定度较高的基准电压 U_{REF}，它由稳压管 $D8$ 与限流电阻 R_4 串联构成的简单稳压电路获得，由此作为采样放大管 $Q3$ 的发射极基准电压。

放大部分是一个直流电压比较放大器，其输入信号为取样电压与基准电压之差，其输出作为复合调整管的控制信号。比较放大器的增益越高，为了完成调整所需要的比较信号越小，这样，输出电压的微小变化能马上被检测出来，并使调整管进行相应的调整，电路的稳压性能就越好。

为了提高稳压精度，希望经由 R_1 流到 $Q2$、$Q3$ 节点处的电流越稳定越好，假设此电流是不变的恒定电流，则 $Q3$ 集电极电流增加多少，$Q2$ 的基极电流就减小多少，反之亦然，显然这种情况下的稳压精度更理想。本电路中恒流源电路由 $Q0$、R_1、R_{1a}、R_{1b} 构成，为 $Q2$、$Q3$ 提供电流，以保证一定的稳压精度。理想的恒流源中 R_{1a} 应由稳压管担任，本电路中仍用电阻，故恒流效果一般。

稳压原理：

在图 4.47 中，假设由于整流滤波电路的输出电压瞬时升高或 I_L 瞬时减小（即负载电阻增大）而导致输出电压 U_0 瞬时上升，通过采样则三极管 $Q3$ 的基极电位瞬时上升，由于 U_{D8} 恒定，因此 $Q3$ 的 U_{be} 增加，$Q3$ 的集电极电流就会增大，从而导致复合调整管 $Q2$ 的基极电流下降，调整管 $Q1$ 的内阻增大，管压降 U_{CE} 增加，结果使 U_0 下降，起初瞬时上升的趋势得到抑制，输出电压 U_0 保持基本不变。

同理，当输入电压（即整流滤波电路的输出电压）瞬时减小或 I_L 瞬时增大（即负载电阻减小）时，亦将使输出电压基本保持不变。

由此可以看出，串联式直流稳压电路稳压的过程，实质上是通过电压负反馈使输出电压保持基本稳定的过程。改变采样支路电阻的分压比，即可改变输出电压。

当负载电流超过额定输出电流时，在 R_5 上的压降将使 $Q4$ 导通，迫使复合调整管的偏置电压减小，内阻增加，管压降增加，则射随电路的输出电流被限制，输出电压也降低，从而起到过流保护作用，这种结构属于限流型保护电路。本电路中 R_5 实际取值为 1.2Ω，额定限制电流约为 400mA。

输入的 220V 交流电压经过变压器降压后，经整流二极管整流后输出为脉动直流电压，经过电容 C_1 平滑滤波后输出电压较为平稳，再输入到稳压电路，就可在输出端得到一个稳定的、电压纹波很小的直流电压。

（二）DC/DC 开关电源

开关电源就是采用功率半导体器件作为开关元件，通过周期性通断开关元件的占空比来调整输出电压。

DC/DC 开关电源工作原理：如图 4.48 所示为 DC/DC 的基本原理图。其中 Q 为开关管，L 为储能电感，D 为整流管，C 为滤波电容，R_L 为负载。当激励脉冲为高电平时，开关管 Q 饱和导通，整流管 D 截止，输入电压加在电感 L 上，电感 L 以磁能形式存储能量，当 Q 截止期间，整流管 D 导通，电感 L 储存的能量经 D 释放，在电容 C 两端产生直流电压，从而为负载 R_L 提供供电电源。在给定条件下，输出端电压的高低由 Q 的饱和导通时间长短决定，即由基极所加激励电压的脉冲宽度决定。

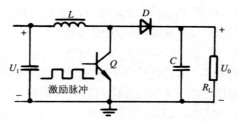

图 4.48　DC/DC 开关电源基本原理图

1）由 555 时基电路组成的开关电源

555 时基电路是一种将模拟功能与逻辑功能巧妙结合在同一硅片上的组合集成电路。它设计新颖，构思奇巧，用途广泛。

NE555 芯片的引脚分布如图 4.49 所示。

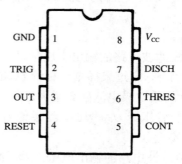

图 4.49　引脚分布图

默认条件下，阀门端和触发端的电平分别为电源电压的 2/3 和 1/3，但可以由电压控制端（CONT）来改变这两个电平值。当触发端（TRIG）的电压下降至比触发电平低时，触发器翻转输出"1"，同时输出端（OUT）输出高电平；当触发端（TRIG）的电平高于触发电平，而且阀门端（THRES）的电平也高于阀门电平时，触发器翻转输出"0"，同时输出端（OUT）输出低电平。复位端（RESET）与其他输入端相比具有最高优先权，当复位端为低电平时，触发器将被复位，而且输出端为低电平。将复位端置低可以用来初始化一个新的定时循环。只要输出端为低电平，泄放端（DISCH）将提供一个对地的低阻抗通路。

555 时基芯片的的功能表（默认条件下）如表 4.11 所示。

表 4.11　555 时基的功能表（默认条件下）

复位端	触发端	阀门端	输出	泄放端
Low	X	X	Low	On
High	<1/3 VDD	X	High	Off
High	>1/3 VDD	>2/3 VDD	Low	On
High	>1/3 VDD	<2/3 VDD	维持原态	

2）555 开关电源工作原理

下面是以 555 时基芯片为控制核心的 DC/DC 开关电源电路。如图 4.56 所示。

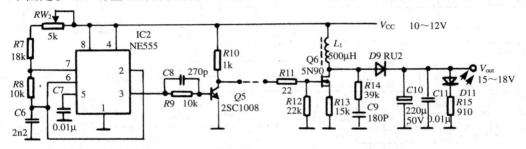

图 4.50　555 时基 DC/DC 开关电源电原理图

电路中，NE555、R_{W2}、R7、R8、C6 组成多谐振荡电路，由 NE555 的引脚 3 输出振荡波形；R9、C8 组成加速电路，Q5 为推动管；Q6 组成电流开关电路，L_1 是储能元件，R14、C9 是阻尼元件；D9、C10、C11 组成输出整流滤波电路；D11、R15 为输出电压指示电路。

上电时，V_{CC} 通过 R_{W2}、R7、R8 给 C6 充电，NE555 输出高电平，当 C6 的电压>$2/3V_{CC}$ 时，NE555 输出翻转，开始输出低电平，引脚 7 对地短路，此时 C6 通过 R8 对地放电，当 C6 上的电压<$1/3V_{CC}$ 时，NE555 输出翻转，再次输出高电平，引脚 7 对地呈现断路，V_{CC} 再次向 C6 充电，如此周而复始，在 NE555 的输出端输出周期矩形波。

当 NE555 输出低电平时，Q5 截至，Q6 导通，电源 V_{CC} 经 L_1、Q6 形成回路，电能转换为磁能；当 NE555 输出高电平时，Q5 导通，Q6 截止，由于电感里面电流不能突变，此时 L_1 上储存的磁能转换为电能，在 L_1 两端产生一自感应电压，此自感电压与电源电压串联起来一起经 D9 向 C10 充电，同时向负载提供电流。此电路输出的电压大于电源电压，为一升压式开关电源。

通过调节 R_{W2}，可以改变 NE555 的振荡周期，同时也改变了输出波形的占空比，从而改变 L_1 的储能大小，最终可以改变输出电压值。

实际的开关电源通常由含正反馈电路的开关振荡部分和含有负反馈电路的控制电路部分组成，正反馈部分形成开关振荡，负反馈部分形成稳压，从而形成实用的开关稳压电源。本实验电路仅作为开关电源的基本工作原理的介绍，未包括其他实际电路。

五、实验内容及步骤

实验电路板结构如图 4.51 所示。

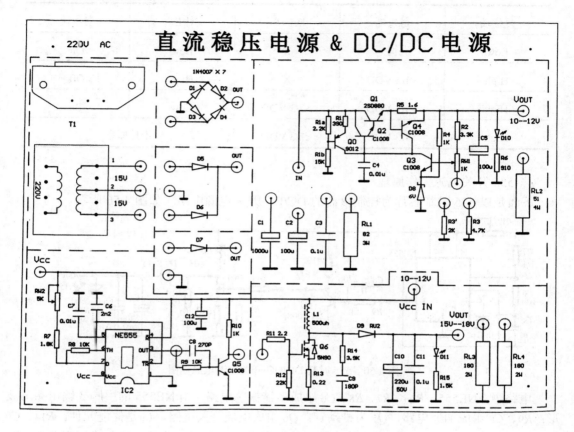

图 4.51

在熟悉实验装置以后，请先回答如下问题，即可开始实验。

1. 电路中变压器次级绕组共有几组？

2. 对于不同的整流电路该怎样使用绕组？

3. NE555 的起振原理你了解吗？

（一）基础性实验

1. 将整流、滤波后的电路连接至稳压电路（条件：滤波电容取 1 000μF），将采样支

路下分压电阻 R_3 接入电路，调整输出电压为 12V，利用万用表和毫伏表分别测量空载和带载时的直流输出电压和输出电压纹波，记录下来并作相应计算。

表 4.12

整流电路	空 载		带 载（R_L=51Ω）		
	输出电压	输出电压纹波	输出电压	输出电压纹波	内阻
半波 （接 2、3 脚）					
全波					
桥式 （接 1、2 脚）					

2．改换不同的滤波电容，不同的负载电阻，重复 3 的操作。

3．测量正常工作状态下的直流稳压电源各主要工作点电压，并记录于表 4.13（条件：全波整流输出 12V，51Ω负载）。

表 4.13

测试点 （V，mA）	交流输入	整流输出	VR$_1$	IR$_1$	VQ3e	VQ3b	VQ2b	VQ2e	V0	I0	VR5	输出电压范围

4．在直流稳压电源工作正常的情况下，将电源输出（输出=12V）送到开关电源的供电端，测试 555 时基三脚输出的控制脉冲波形，以及 Q_5 集电极的波形及有关参数。

5．将 Q_5 集电极与电阻 R5 相连，观测开关电源输出端负载为 180Ω和 90Ω时开关管的工作波形以及输出的电压。

6．调节 RW2，观察 555 时基三脚输出的控制脉冲波形，测试输出电压变化情况。将实验结果记录并作图。

（二）设计性实验

1．设计任务

利用双绕组变压器和集成稳压器件（78**，79**），设计一个带正、负电压输出的直流稳压电源，要求直流电压输出±5V，电流 100mA 怎样得到？画出电原理图。

2．设计要求

（1）根据任务要求写出设计步骤，选定器件；

（2）根据所选器件画出电路图；

（3）写出实验步骤和测试方法，设计实验记录表格；

（4）进行安装、调试及测试，排除实验过程中的故障；

（5）分析、总结实验结果。

六、实验中注意事项及常见故障

1．实验中不要在通电的情况下进行电路的连接。

2．电源变压器的次级绕组切记不能短路，否则将造成实验装置的严重损坏。

3．在实验过程中应尽快完成各项的测试操作，不要对实验装置长时间的通电，否则会造成某些器材的过热损坏。

　　4．做开关电源实验时不宜空载，至少接入一个 180Ω负载。

　　5．实验操作完成后应立即断掉电源。

七、实验报告要求

　　1．记录实验观测数据，画出波形。

　　2．比较直流稳压电源各个观测点电压波形的不同，分析其原因。

　　3．通过观测 555 时基 DC/DC 开关电源各点电压波形，分析其工作原理。

　　4．比较直流稳压电源与开关电源的输入电压、输出电压的关系，试分析两种电源的各自特点。

八、思考题

　　1．半波和全波整流有什么不同？（效率问题）

　　2．根据现有实验条件，在直流稳压电源中若要想得到输出电压为 20V 左右的电源，电路应怎样连接？

　　3．555 时基开关稳压电源中，电感 L 的作用？

　　4．如何进行过压或过流保护？

　　附：直流稳压电源 DC/DC 电源实验底板实物图，见图 4.52。

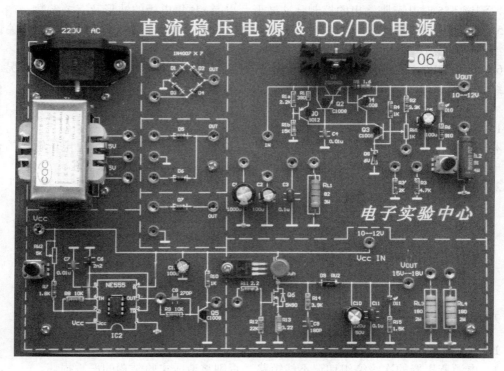

图 4.52　直流稳压电源 DC/DC 电源实验底板实物图

4.6 实验十六 音频功率放大器

一、实验目的

1. 了解集成功率放大器的组成及特点。
2. 了解音响系统的基本组成和工作原理。
3. 掌握功率放大器主要性能指标的测试方法。

二、实验仪器与器材

1. 晶体管毫伏表一台
2. 函数信号发生器一台
3. 直流稳压电源一台
4. 双踪示波器一台
5. 数字万用表一台
6. 实验电路板一块

三、预习要求

1. 本实验电路板的集成功放电路采用双电源供电，供电范围为±6~±18V，实验时推荐采用±12V。
2. 做本实验时学生可自带立体声耳机备用。

四、实验原理

音频功率放大器是音响系统中不可缺少的重要部分，其主要任务是将前级已经放大的音频信号进行功率放大，以得到足够大的输出功率，推动外接负载，如扬声器、音箱等。功率放大器的主要要求是获得不失真或较小失真的输出功率，讨论的主要指标是输出功率、电源提供的功率。由于要求输出功率大，因此电源消耗的功率也大，就存在效益指标的问题。由于功率放大器工作于大信号，使晶体管工作于非线性区，因此非线性失真、晶体管功耗、散热、直流电源功率的转换效率等都是功放中的特殊问题。

集成功率放大器和分立元件功率放大器相比，具有体积小、重量轻、调试简单、效率高、失真小、使用方便等优点。同时，集成电路技术可以将更多数量的晶体管做在同一块硅片上，因而可以集成更多的功能单元，如过压、欠压保护，过流、过热保护，输入过载保护，短路保护和扬声器保护等电路，而成本却日益降低，在通用领域基本取代分立元件功放。常用的有厚膜集成功率放大电路和半导体集成功率放大电路两类。

1. TDA2030A 集成功率放大器

（1）TDA2030A 集成功放特性。TDA2030A 集成功率放大器是半导体功率放大集成电路，是音响专用功率放大电路，内部由普通输入放大级、激励放大级、推动级和功率输出级组成。采用具有绝缘散热片的 5 脚 TO-220 封装。特点是输出功率大、谐波失真小，内部设有过热保护功能，外围电路简单，可在微型 AV 影院音响系统或汽车音响中使用。可以作 OTL 单电源使用，也可以作 OCL 双电源使用，还可以作 BTL 功放使用。封装图如图 4.53 所示，各引脚功能见表 4.14。

表 4.14　TDA2030A 各引脚功能

引脚	符号	功能	引脚	符号	功能
1	IN+	同相输入端	4	OUT	功率输出端
2	IN-	反相输入端	5	V_{CC}	正电源供电端
3	V_{EE}	负电源供电端			

（2）TDA2030A 集成功放实验电路。TDA2030A 集成功放的实验电路如图 4.54 所示，由 TDA2030A、R_{25}、R_{26}、R_{27}、C_{24} 等组成，C_{24} 用于稳定 TDA2030A 的第④脚直流零电位的漂移，但是对音质有一定的影响，C_{25}，R_{28} 组成扬声器阻抗补偿网络，作用是防止放大器产生低频自激。

音频信号由 R_{23}、C_{23} 送入功率放大器 TDA2030A①脚的同相输入端，经功率放大后从④脚输出，驱动扬声器发声。同时从输出端取一路，经 R_{25}（或 R_{26}）与 R_{27} 分压后，反馈到②脚的反向输入端。放大电路的增益由 R_{25} 或 R_{26} 与 R_{27} 的比值决定。

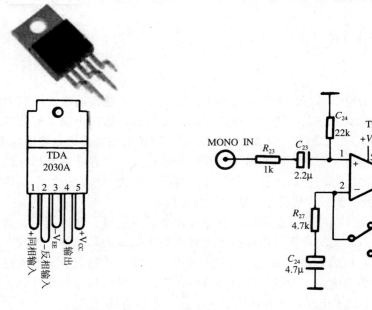

图 4.53　TDA2030A 封装　　　　图 4.54　TDA2030A 实验电路图

（3）TDA2030A 集成功放放大器主要技术指标

● 　电源电压　　　±6V～±22V

- 静态电流　　　<50mA
- 输入电阻　　　5MΩ（1kHz）
- 电压增益　　　26dB（闭环）
- 输出功率　　　18W（8Ω，±16V）
- 谐波失真　　　0.05% (f=15kHz，R_L=8ω)

2. 典型音响系统组成

（1）音量调节电路。音量控制电路的主要作用是控制音箱发出声音的大小、强弱。主要的一种形式是采用由电位器组成的信号衰减电路，运用电阻分压原理，通过调节电位器中间滑臂的位置来调节信号的衰减量，改变功放电路的输出功率，从而实现音量控制的目的。由于人耳的听觉响度与信号电平成对数关系，因此常使音量控制器与信号电平成指数关系，以合成线性关系。

在实验板中主要由电位器 VR_1 和 R_3 构成。

（2）前置放大电路。一般情况下，来自音源的信号幅度很小，很难使功率放大器获得满功率输出。因此，在功率放大器之前需要增加放大器，将小信号逐步放大到功率放大器所需要的信号幅度，这样的放大器就称为前置放大器。

因为前置放大器主要是对小信号乃至微弱信号进行放大，因此要求其失真系数、噪声等性能要优良。美国 NSC 推出的 LM833 是一款特别着重考虑在音频系统方面应用的双运算放大器。由于采用了新的电路和处理技术，在不增加外围元件或降低稳定性的条件下，LM833 实现了低噪声、高速和宽带等优良的性能，采用内补偿技术，用于各种前置放大器及 Hi-Fi 系统中，性能好。

实验板中，R_{13}、C_{11}、R_{14}、C_{10} 构成负反馈网络，放大器的增益近似由 R_{13}、R_{14} 决定，C_{11} 可以抑制音频以上的噪声信号，C_{10} 为隔直流电容。

（3）音调调节电路。音调调节就是人为地调节音频信号中高、低频成分的比重，使重放的声场满足使用者的听觉习惯、渲染某种气氛、或补偿放音环境、功放和音箱等硬件的音响不足。通常有高、低音两个音调调节旋钮。实验板中采用有源（负反馈式）音调控制器，运放部分可由高性能、低噪声运算放大器 LM833 或 4558 构成，工作原理如下：

- 低音调节部分：VR_2 为低音调节旋钮，当滑臂调至最左端时（顺时针最大），由于 C_5 对低音频可视为开路，故低音频信号进入运算放大器反相输入端的通路为：$R_4 \rightarrow R_5 \rightarrow$ 运放反相端，此时直通量最大。而 VR_2 全部串接在负反馈电路中，负反馈量最小，因而低音提升量最大。当滑臂调至最右端时，低音直通量最小，负反馈量最大，低音提升量最小。

- 高音调节部分：VR_3 为高音调节旋钮，当滑臂调至最左端时（顺时针最大），由于 C_5 对高音频可视为短路，高音频信号主要由 R_7 至运放反相端，高音直通量最大，而负反馈量最小，所以高音的提升量最大。反之，高音提升量最小。

（4）双声道功率放大器 TDA7264。TDA7264 是双声道功率放大集成块，具有静音功能和短路保护、过热、过载保护功能，外围元件少，采用 8 脚直立式封装形式。各引脚功能见表 4.15。

表 4.15　TDA7264 各引脚功能

引　脚	符　号	功　能	引　脚	符　号	功　能
1	OUT1	1 声道输出	5	V_{EE}	负电源供电端
2	V_{CC}	正电源供电端	6	IN2	2 声道输入
3	OUT2	2 声道输出	7	GND	地
4	MUTE	待机/静音控制	8	IN1	1 声道输入

电路板中，4 脚得到高电位时，启动静音功能，反之则正常播放。

五、实验任务及要求

集成功放实验板如图 4.55 所示。取下实验电路板上可能有的所有连线，检查连接电源的±12V 连接线是否接线正确（红线+12V，蓝线–12V，黑线为地），电源输出是否选择合理（本实验推荐使用±12V），检查无误后关断电源，将电源连接线与实验电路板对接。

将 "J2" 和 "MONO IN" 相连，"MONO OUT" 和 "L SP" 相连，在 "L SP" 与地之间的接线座上接入 8.2Ω/2W 电阻作为负载，音量电位器 2VR1 顺时针旋至最大。

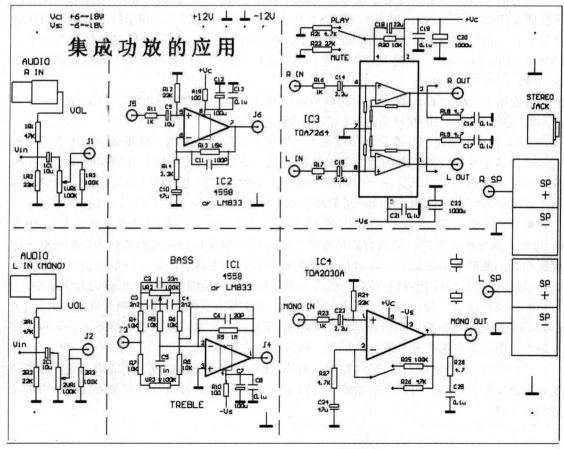

图 4.55　集成功放实验电路板

1. 请思考：最大不失真新出功率 P_{omax} 与峰值功率的区别是什么？

实验任务：测试最大不失真输出功率 P_{omax}

反馈电阻选择为 47kΩ和 100 kΩ两种情况下，测试最大不失真输出功率 P_{omax}。采用间接测量的方法，在电路的输出端固定负载 R_L=8.2Ω/2W，输入端加单音频正弦信号（f=1 000 Hz），用示波器观测负载 R_L 上的波形，调节输入信号的幅度，使输出信号为最大且不出现削顶失真（即只考虑限幅失真）。测得输出幅度 U_{omax}（若测得是峰峰值，则换算为有效值），即可求得：

$$P_{omax} = \frac{U_{omax}^2}{R_L}$$

测试数据填入表 4.16 中。

表 4.16　最大不失真输出功率

反馈电阻（Ω）	U_{inpp}（V）	U_{opp}（V）	U_{omax}（V）	增益 A	P_{omax}（W）
47k					
100k					

2. 请思考：人耳的频响范围是多少？

实验任务：测试功率放大器的频响曲线（见表 4.17）

利用信号发生器从 LIN（MONO）输入通道的 V_{in} 端输入正弦波信号，频率 f=1 000Hz，峰峰值 U_{ipp} =300mV（将音量电位器 $2VR_1$ 顺时针旋到头），将 TDA2030A 反馈电阻选择为 100k，改变输入信号频率，用示波器监测输出电压波形，在保证输出波形不失真、输入信号幅值不变的情况下，改变输入信号频率，测量输出电压，根据所测输出电压值得出结论。

表 4.17　幅频特性测试

输入频率	20Hz	100Hz	500Hz	1kHz	5kHz	10kHz	15kHz	20kHz
V_{out}								
放大倍数								
增益（dB）								

3. 请思考：你认为对前置放大器而言，什么参数最重要？

实验任务：连入前置放大后的频响测试（见表 4.18）

将"J2'"和"J5"相连，"J6"和"MONO IN"相连，输入信号幅度为 U_{ipp} =100mV，其余同上。

表 4.18　连入前置放大后的幅频特性测试

输入频率	20Hz	100Hz	500Hz	1kHz	5kHz	10kHz	15kHz	20kHz
V_{out}								
放大倍数								
增益（dB）								

4. 请思考：实电路中，高低音调节是独立的吗？

实验任务：连入高低音调节后的频响测试（见表 4.19）

将"J2"和"J3"相连，"J4"和"MONO IN"相连，输入信号幅度为 U_{ipp} =100mV，其余同上。

（1）低音提升，高音抑制。将低音电位器"BASS"顺时针旋到最大，高音电位器"TREBLE"反时针旋到最小，将测量结果记入下表并作图（若要作图精确，可适当多选几个频率点）。

表 4.19　低音提升幅频特性测试

输入频率	20Hz	100Hz	500Hz	1kHz	5kHz	10kHz	15kHz	20kHz
V_{out}								
放大倍数								
增益（dB）								

（2）高音提升，低音抑制。将低音电位器反时针旋到头，高音电位器顺时针旋到头，重复上述过程（见表 4.20）。

表 4.20　高音提升幅频特性测试

输入频率	20Hz	100Hz	500Hz	1kHz	5kHz	10kHz	15kHz	20kHz
V_{out}								
放大倍数								
增益（dB）								

5．加音乐信号试听（视实验室条件选作）

利用音频连接电缆把实验台中间的音频信号源送入实验电路板的"R IN"或"L IN"输入端，将前置放大输出端"J6"与 TDA7264 的两个输入端相连，中间电路部分的组合可自行选择，将自带耳机插入立体声插座"STEREO JACK"，即可欣赏模拟立体声音乐效果。

分别调节音量、低音、高音电位器，感觉效果，同时通过示波器观测声波的变化规律和特点。

注意：须先将电路连接好再通电源，否则可能损坏耳机！

六、实验中的常见故障及解决办法

1．由于功放输出采用直接输出，若要外接喇叭，请务必先检查电路工作是否正常，输出中点是否在 0V 附近，否则可能损坏喇叭。

2．由于高低音调节电路输入阻抗较高，50Hz 交流感应明显，做实验时若将±12V 电源的地线与稳压电源的机壳地线相连，可有效去除交流干扰。

七、实验报告要求

1．完成各表格数据测试，要求注明测量仪器和测试条件，说出集成功放电路特点。

2．依据实验内容所测的 f-U_o 数据，用单对数坐标纸画出功放的幅频特性曲线。

八、思考题

1．要满足上述测试指标，前置放大器和高低音调节电路能否采用 μA741 或 OP07？（提示：查看运放的技术指标）

2．前置放大器和 TDA2030A 功放部分若采用单电源供电，其工作点应如何选取，如何实现？

3．试画出一个实用的双声道功放电路图：

电路组合：输入通道+高低音调节 + 前置放大 + TDA7264，电源采用双电源（提示：4558 或 LM833 均为双运放）

附：集成功放的应用实验底板实物图，见图 4.56。

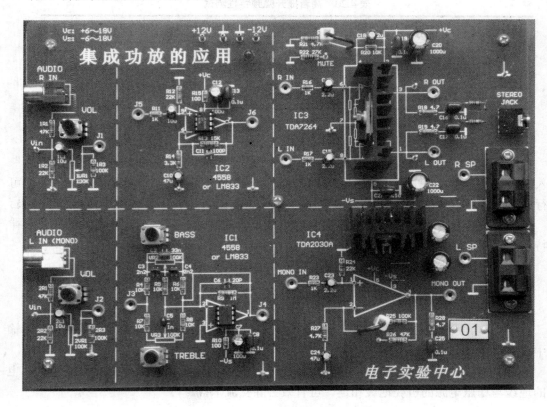

图 4.56　集成功放的应用实验底板实物图

附录 1

常用逻辑符号对照表

名称	国标符号	曾用符号	国外流行符号
与门	&		
或门	≥1		
非门	1		
与非门	&		
或非门	≥1		
与或非门	& ≥1		
异或门	=1		
同或门	=		
集电极开路的与门	&		
三态输出的非门	1 EN		
传输门	TG	TG	
双向模拟开关	SW	SW	
半加器	Σ CO	HA	HA
全加器	Σ CI CO	FA	FA
基本RS触发器	S R	S R Q Q̄	S R Q Q̄
同步RS触发器	1S C1 1R	S CP R Q Q̄	S CK R Q Q̄
边沿(上升沿)D触发器	S' 1D C1 R	D CP Q Q̄	D S₀ CK R₀ Q Q̄
边沿(下降沿)JK触发器	S 1J C1 1K R	J CP K Q Q̄	J S₀ CK K R₀ Q Q̄
脉冲触发(主从)JK触发器	S 1J C1 1K R	J CP K Q Q̄	J S₀ CK K R₀ Q Q̄
带施密特触发特性的与门	&		

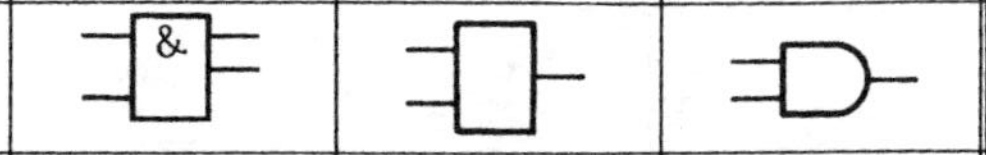

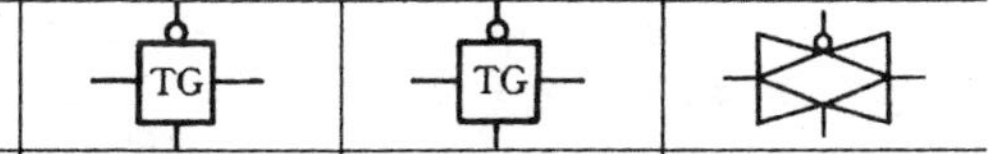

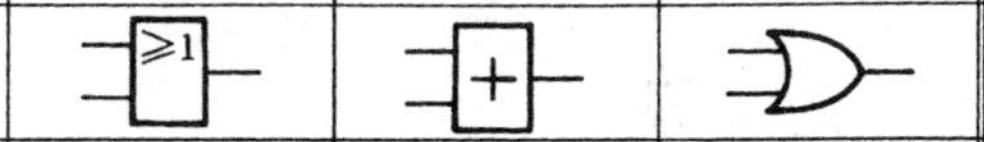

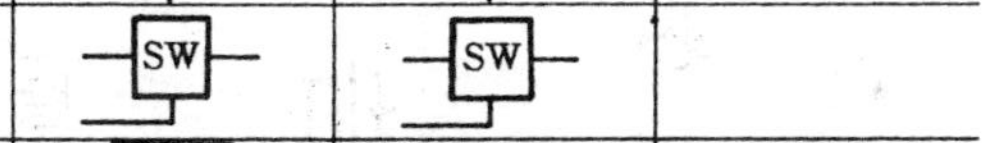

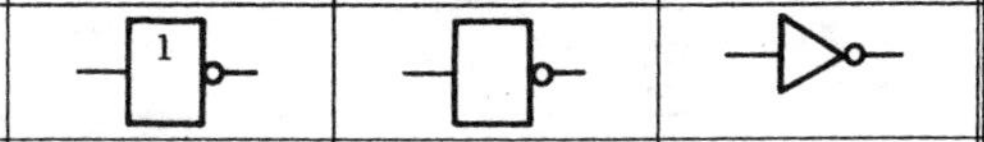

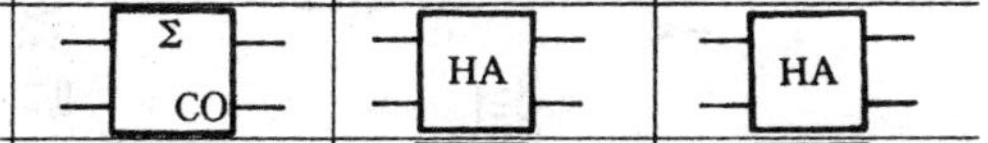

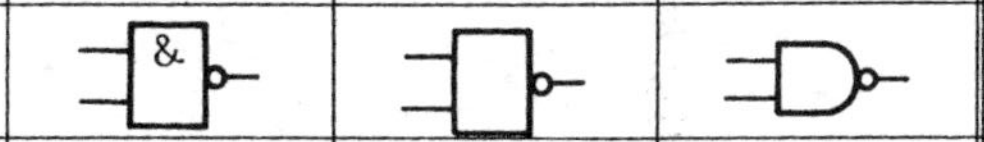

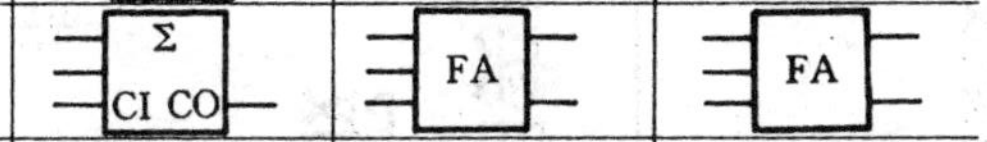

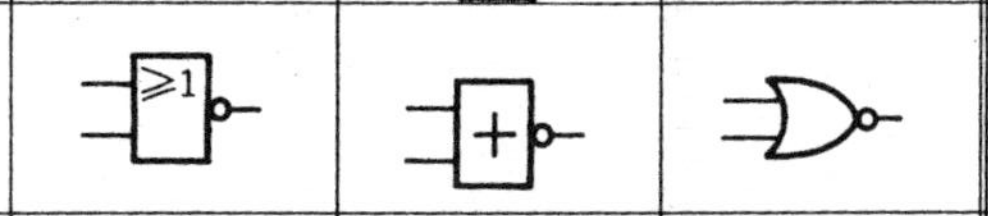

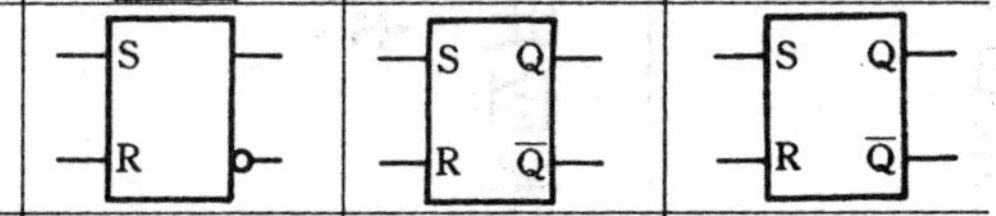

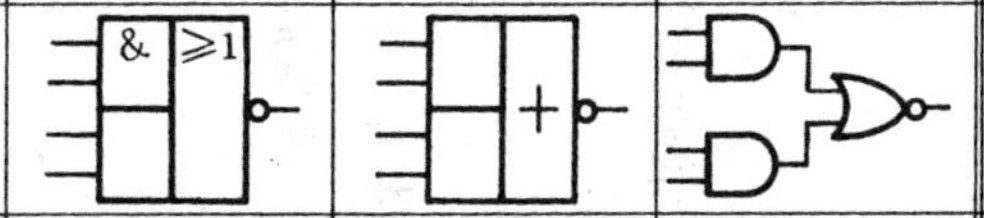

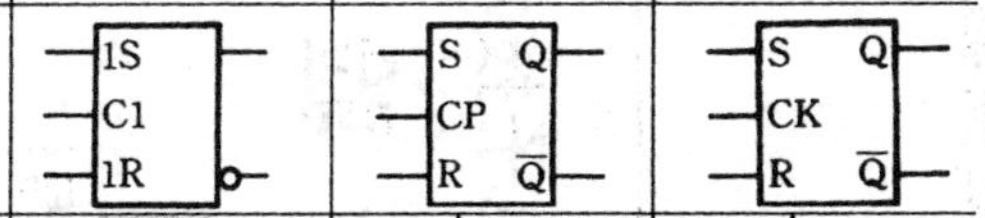

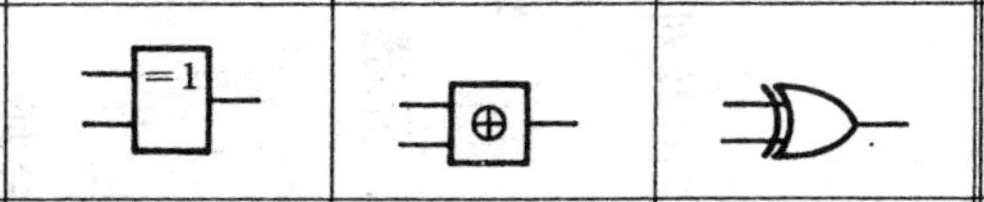

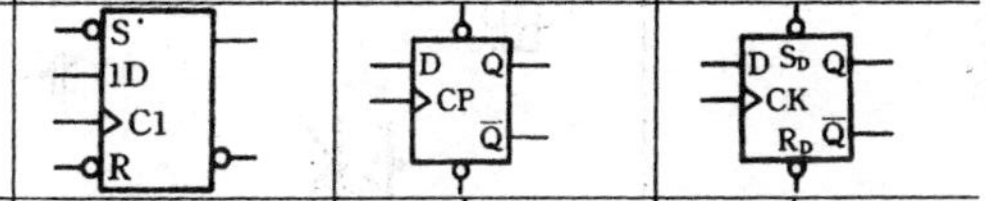

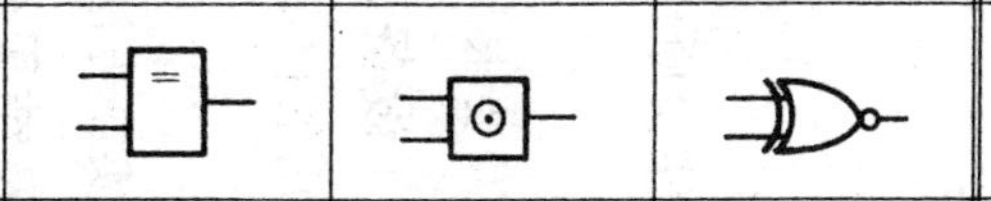

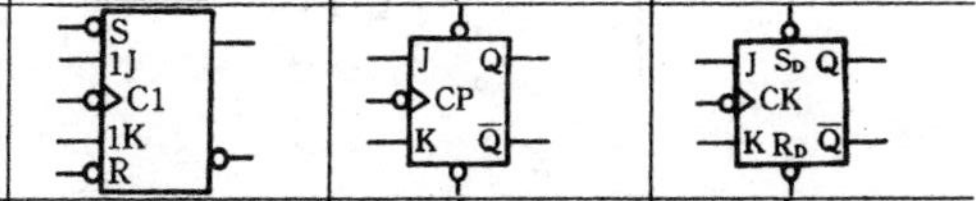

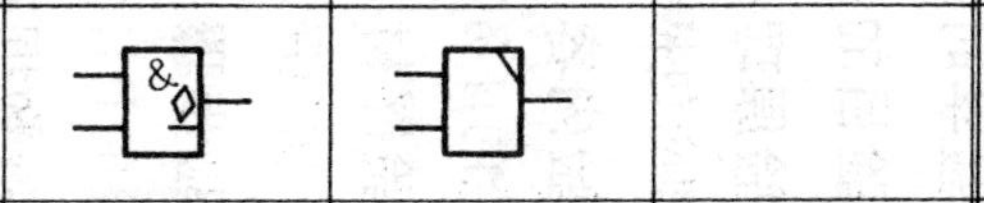

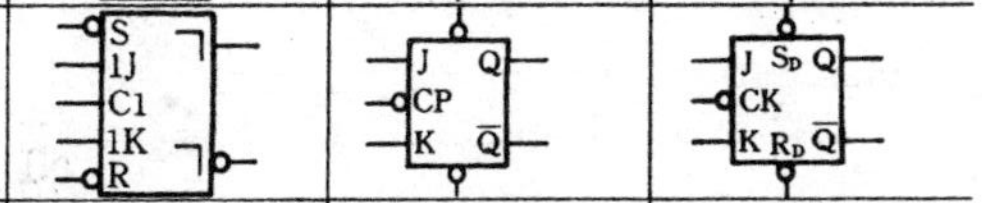

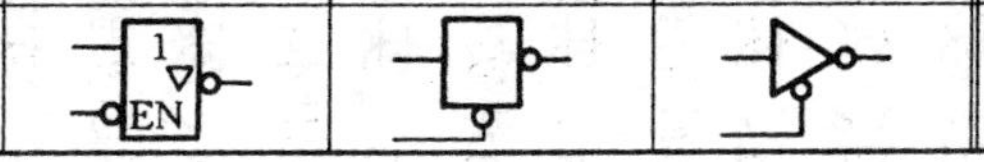

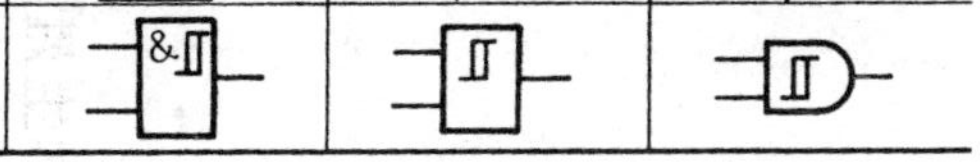

·165·

附　录 2

标准实验报告模板

_____ 大 学

电子技术应用实验

实 验 报 告

学生姓名：　　　　　学 号：　　　　　　指导教师：

实验地点：　　　　　　　　　　　　　　　实验时间：

一、实验室名称：

二、实验项目名称：

三、实验学时：

四、实验目的：

五、实验原理：

实验原理应包括实验原理图及对原理图的简单说明以及与实验相关的公式图表。

六、实验内容：

简述实验的任务及要求。

七、实验器材（设备、元器件）：

列出本次实验所用的仪器，元件、实验底板名称及数量。

八、实验步骤：

简述实验的具体实施方法。

九、实验数据及结果分析：

实验数据书写要求：

将实验的原始记录整理后，根据实验内容将数据以表格或图形方式表示出来；对所观察到的实验现象加以文字描述。

结果分析要求：

对所测得的数据或图形加以分析，包括数据处理和误差分析等。

十、实验结论：

根据对所测数据的分析得出相应结论。

十一、思考题

回答教师或教材上提出的思考题。

十二、总结及心得体会：

阐述完成实验后的收获，总结实验中遇到的困难及解决办法。

十三、对本实验过程及方法、手段的改进建议：

简述实验后对本次实验的意见及建议。

报告评分：

指导教师签字：

注意：在实验报告后附上由教师签字的实验原始记录。实验报告内容以真实、简单、清晰、完整为原则并独立完成。